兔子
品種超圖鑑

從體型、毛色到毛質，
完整收錄 ARBA 公認的 51 品種資訊

町田修
著

—

井川俊彥
攝影

—

童小芳
譯

前言

　　時間過得真快，距離2014年在日本出版《兔子品種大圖鑑》以來，已經過了9年。我深感這期間兔子周遭的環境產生了莫大轉變。此外，日本各地的兔子專賣店與日俱增，有愈來愈多機會可看到純種兔，我認為人們對兔子作為寵物的認知度也有了大幅提升。

　　此外，過去9年期間，ARBA（美國家兔繁殖者協會）公認的品種數量從48種增加為51種。2016年新增了巧克力色中摻雜著白色毛為一大特色的中型品種「銀褐兔（Argent Brun）」；2020年加入有著荷蘭侏儒兔樣貌與英國斑點兔斑紋的小型品種「侏儒蝴蝶兔（Dwarf Papillon）」；2022年則是繼喜馬拉雅兔之後第2個圓柱型中型品種的「捷克霜紋兔（Czech Frosty）」成為ARBA第51個公認品種。此外，目前也有不少培育中的新公認品種與毛色，新品種包括絨毛垂耳兔、純藍毛兔（Blue Holicer，後於2023年成為第52個公認品種）、迷你加州兔等；新色則有荷蘭侏儒兔的香檳色、狐狸色、鸚鵡黃，澤西長毛兔的橙色，以及美國費斯垂耳兔的霜白色等，正在培育的新色不勝枚舉。

　　在此先為初次閱讀本書的讀者說明一下ARBA。ARBA是American Rabbit Breeders Association的縮寫，暫且翻譯成美國家兔繁殖者協會，此協會將總部設置在美國的伊利諾伊州，除了致力於兔子（寵物用與產業用）與天竺鼠（在美國稱作cavy，即豚鼠）的品種維護、改良與新品種培育外，還會管理血統登記並舉辦兔子展等。ARBA的前身是成立於1910年的National Pet Stock Association of America，如今在美國、加拿大與日本，以及泰國、新加坡與印尼等東南亞各國擁有2萬3000多名會員。日本大部分的兔子專賣店都有經手販售ARBA的公認品種，且每年都在日本舉辦ARBA的公認兔子展。該展覽會邀請來自美國的評審來評比，展出許多在日本孕育出的兔子。

　　在日本不可能看到所有ARBA的51個品種，能看到的品種應該不到20種，主要是像荷蘭侏儒兔與荷蘭垂耳兔這類小型的寵物用品種。我相信讀者可以透過本書邂逅不曾看過的兔子，並透過純種兔認識兔子所具備的魅力並產生興趣，從而逐步改善所有與兔子相關的生活環境與醫療。

最後，有一群著迷於兔子魅力的育種家投注長年歲月認真從事著各個品種的培育，倘若讀者能一邊翻頁一邊想像他們的身影，將會是筆者莫大的榮幸。

※本書是以2014年10月日本出版的《兔子品種大圖鑑》刪改而成。

Beautiful Rabbits

HARLEQUIN

Color-Magpie Black

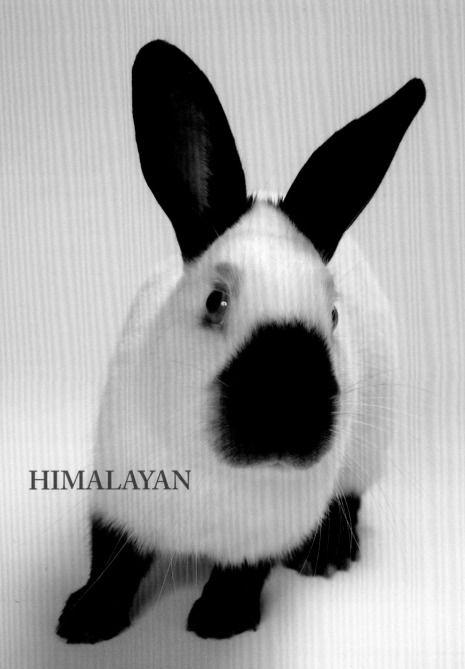

HIMALAYAN

Color- Black

THRIANTA

Color-Standard

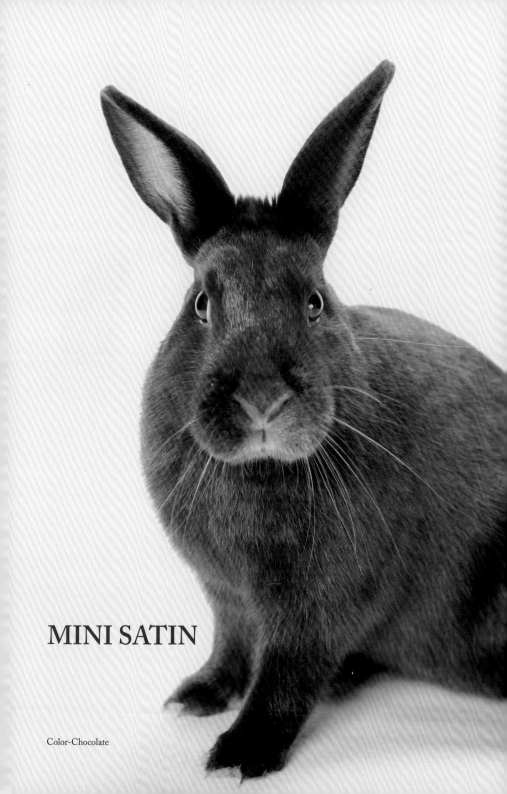

MINI SATIN

Color-Chocolate

Contents

51 個公認的兔子品種圖鑑

更詳細了解
關於兔子的血統與遺傳

家兔的起源

我們在寵物店或兔子專賣店中所看到的兔子，都是以歐洲穴兔這種野生穴兔品種改良而成。純種兔含括各種體型與性情的品種，但若追溯其祖先，最終皆會溯源至歐洲穴兔。本章節將試著逐步審視人類開始飼養野生穴兔並培育品種的過程。此外，希望讀者能多了解穴兔的習性，對自己身邊的兔子有更深入的理解（關於穴兔的生態，詳情請參照P224）。

誕生於亞洲並擴展至
世界各地的兔子始祖

　　試著追溯兔子的祖先，可溯源至恐龍滅絕不久後。最古老的兔子化石來自於約5000萬年前，發現於蒙古與中國的地層。由此可判斷，兔子的祖先是誕生於亞洲而非歐洲。

　　現在的兔種可分為兔形目中的兔科與鼠兔科，人們已於約3000萬年前的亞洲地層中發現了與現在的鼠兔體型幾無二致的化石。

　　鼠兔科鼠兔屬出現於約500萬年前。已於北美洲與歐洲發現其化石，由此可知鼠兔屬的分布範圍是在約500～200萬年前期間擴展至北美洲與歐洲。

　　人們也在北美洲發現無數兔科的化石。順帶一提，約3800萬年前的兔子「古兔（Palaeolagus）」的骨骼與現今兔科的骨骼一模一樣。兔科成員是在逐步進

化的過程中變得能夠到處蹦蹦跳跳。

穴兔是經由人類擴展至歐洲

　　一般認為，如今人類飼養作為寵物或家畜的家兔，祖先為歐洲穴兔。試著調查歐洲穴兔的古老紀錄，發現穴兔早在西元前1100年就已經出現在伊比利亞半島（現為西班牙與葡萄牙的領地）上。當時腓尼基人從地中海東岸進入伊比利亞半島之際，發現與其故鄉的動物蹄兔（hyrax）有幾分相似的穴兔。然而，自此又經過數百年後，也就是西元前750年以後的羅馬時代，人類才開始飼養兔子作為家畜。現有紀錄顯示，是羅馬人將穴兔帶回義大利，並開始飼養以作食物之用。

　　進入11～12世紀後，人們正式開始在修道院飼養穴兔。此後穴兔的飼育迅速普及，到了13世紀擴展至英國，15～16世紀則遍及全歐洲。很可能是因為穴兔易於飼養且毛皮與兔肉都很實用，才會在歐洲各國大受歡迎。

　　此外，就連如今已逐漸成為野生動物的穴兔，原本也是人類帶入該地並飼養作為家畜的兔子，逃跑後或為了狩獵而野放後倖存下來的。在毫無天敵的土地上，野兔的數量過度增加而引發田地遭毀等損害的情況亦不少見。

兔子的同類

＊兔形目

兔科
山兔屬
　南非山兔
粗毛兔屬
　粗毛兔
兔屬
　白靴兔
　北極兔
　日本野兔
　雪兔
　白尾兔
　羚羊兔
　黑尾兔
　白側兔
　歐洲野兔
　草兔
　大草原野兔
　黃喉兔
　墨西哥黑兔
　東北兔
　印度野兔
　高原兔

　緬甸野兔
　藪兔
　中國野兔
　埃塞俄比亞高原兔
　非洲草原野兔
蘇門答臘兔屬
　蘇門答臘兔
穴兔屬
　穴兔
琉球兔屬
　琉球兔
中非兔屬
　藪岩兔
紅兔屬
　納塔爾紅兔
　高地紅兔
　史氏岩兔
火山兔屬
　火山兔
棉尾兔屬
　水兔
　澤兔
　沙漠棉尾兔
　毛刷兔
　森林兔
　東部棉尾兔
　侏儒兔

　中墨林兔
　聖荷西林兔
　山棉尾兔
　墨西哥棉尾兔
　格雷森棉尾兔
　新英格蘭棉尾兔

鼠兔科
鼠兔屬
　東北鼠兔
　斑頸鼠兔
　北美鼠兔
　灰鼠兔
　高山鼠兔
　紅鼠兔
　紅耳鼠兔
　高原鼠兔
　間顱鼠兔
　達烏爾鼠兔
　柯氏鼠兔
　草原鼠兔
　藏鼠兔
　蒙古鼠兔
　阿富汗鼠兔
　康堝鼠兔
　拉達克鼠兔
　狹顱鼠兔

11

入侵日本的路線會
經過庫頁島或朝鮮半島

在日本也有「日本野兔」、「蝦夷鼠兔」、「蝦夷雪兔」、「琉球兔」以及「東北野兔」等野生兔子。

蝦夷鼠兔是於約160萬年前的冰河時期，由從庫頁島進入北海道的兔子進化而成。此外，雪兔的祖先亦於同一時期經由相同路線到達北海道。

日本野兔的祖先也一樣是在冰河時期來到日本的，牠們是從當時與日本陸地毗連的朝鮮半島擴散至本州、四國、九州與各地。除此之外，從約8000年前的化石可以判斷，當時的日本野兔體型比現在的還要大。

另一方面，琉球兔的外型則是與約1000萬年前的祖先幾乎一模一樣。其後腳較短而不太會跳躍。因此，一般認為琉球兔是「古兔亞科」在進化成現今兔子樣貌之前所殘存下來的後代。

投注數百年
持續進行品種改良

人類在長年累月以來一直飼養兔子作為家畜並且不斷地反覆進行改良。直至17世紀為止，已經孕育出有著白子化、黑色、藍色、褐色、道奇色或黃色毛皮的各種兔子。

之後又分別為了食用肉、毛皮、毛髮或是賞玩等不同用途進行了品種改良，到了19世紀上半葉已培育出英國垂耳兔、喜馬拉雅兔與長毛種等品種。之後到了19世紀下半葉又進一步培育出小丑兔與黃褐兔，來到20世紀上半葉則出現藍眼白色、金吉拉兔、雷克斯兔、緞毛兔與波浪捲毛兔。

隨著這類品種的改良，兔子已不僅僅是家畜，也是愈來愈受歡迎的寵物。更有甚者，還被運用於動物療法，在老人照護設施等處協助長者復健，透過互相觸碰也有助於撫慰心靈。

建立母系社會
並且群居生活

人類所飼養的兔子都有一個共同祖先：穴兔。兔子又分為鼠兔與野兔等，種類繁多，不過其中又以穴兔的性情較為溫順。一般認為之所以唯獨穴兔能在歐洲各地被廣泛飼育，是因為牠們容易親近人類

繪於1801年的圖畫。貴族之間曾流行讓狗追逐兔子的遊戲。摘自1927年Edward Ash所著的《Dogs：Their History and Development》。

而易於飼養。

因此，各種家兔至今仍繼承著穴兔原本的習性。比如，挖洞。就連只養在室內的兔子有時也會用牠們的前腳在布料等柔軟物體上抓撓，做出如挖掘般的動作。這是穴兔以前在野外挖土築巢所餘留下來的影響。另外，兔子喜歡家具之間的空隙或小箱子等狹窄空間，也在在證明牠們曾長期居住在洞穴裡。

此外，兔子有強烈的領域意識，也是與會在巢穴周圍畫地盤的穴兔所共有的共通點。尤其是雄性家兔，會採取噴灑尿液的行動，或用下顎的臭腺在家中各處用力磨蹭，使其散發自己的氣味，以此宣示地盤主權。

更有甚者，家兔能學會定點如廁也是沿襲自穴兔的習性。穴兔傾向於在固定地點小便，為的是讓巢穴常保清潔。因此，只要讓如廁容器沾上尿味，家兔會更容易記住該處為排尿的地方。

此外，野生穴兔為了躲避天敵，白天都會待在巢穴內，到了傍晚或清晨才活躍起來。與人類共同生活的家兔中，有些會配合人類的生活作息，即便白天也精神奕奕，不過對兔子而言，白天本來是睡覺的時間。為了確保兔子能健康長壽，最好將環境打造成讓兔子能安靜而悠哉度過白天的樣子。

人類進行的品種改良
培育出如今的兔子

昔日的穴兔之所以能夠演變成荷蘭垂耳兔或荷蘭侏儒兔等現在所見的家兔，是因為經過人類的品種改良。自羅馬時代開始飼育以來，兔子逐步被改良成人類所需

要的樣貌。

舉例來說，大型的英國垂耳兔與佛萊明巨兔皆個性沉穩而易於飼育，是為了獲取更多食用肉料而衍生出來的兔種。自從人類將兔子的毛皮用作衣料而開始追求更精美的毛皮後，便孕育出安哥拉兔，經過改良而可取得相對易於保養且美麗的毛皮。兔子進而作為寵物或伴侶動物而與人類一起生活後，人們開始追求更小型、親人且外觀可愛的兔子，故而又培育出荷蘭侏儒兔、荷蘭垂耳兔以及美國費斯垂耳兔等的小型種。

兔子俱樂部是為了
改良並維護品種的組織

創建品種意味著要確立該品種獨有的特徵並獲得公認。並非單純嘗試配種就誕生的偶然產物。

人們讓具備人類所需之性質的兔子互相交配，並讓牠們的後代再行配種，投注漫長歲月逐步改良兔子的品種。因此，品種改良需要嫻熟的技術、豐富的知識與人力。兔子俱樂部便是以這三大因素為後盾來維護所培育出的純種兔。

兔子俱樂部是為了促進育種家彼此合作的組織，會支援已獲得公認之品種的繁殖作業，還會舉辦兔子展及啟蒙活動，志在提高純種兔的地位等。

美國家兔繁殖者協會（The American Rabbit Breeders Association）是全世界上規模最大的兔子俱樂部，俗稱ARBA。ARBA的總部設於美國，不過在日本、加拿大、泰國、新加坡與印尼等國皆有會員，會提供兔子相關的資訊，同時管理著已獲得公認的小型兔子俱樂部（俗稱專

利俱樂部，Charter Club）。關於各種純種兔的狀況皆有制定詳細的品種標準，並彙編於ARBA所出版的《Standard of Perfection》一書中。

　　倘若沒有這類兔子俱樂部的活動，好不容易培育出的品種也有可能消失殆盡，而各種兔子再度回歸為野生種。如今光是ARBA所公認的品種就多達51個（於2023年新增第52個），這也都要歸功於育種家以及將育種家集結起來的兔子俱樂部經年累月的努力。

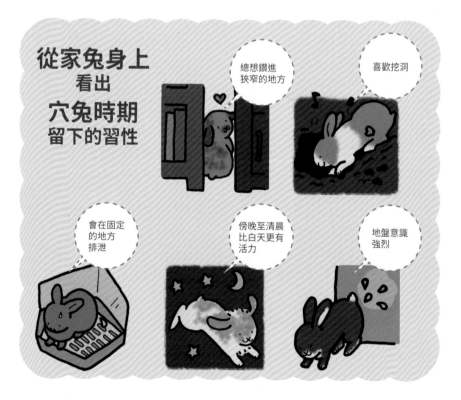

從家兔身上看出穴兔時期留下的習性

總想鑽進狹窄的地方

喜歡挖洞

會在固定的地方排泄

傍晚至清晨比白天更有活力

地盤意識強烈

兔子身體構造的基礎知識

眼睛 眼睛位於臉部的兩側，單眼可看到180度左右，雙眼則幾乎可環視360度。即便在昏暗中也能視物，以便於黎明或黃昏時分活動。然而，唯有正面可實現立體視覺。前方難以聚焦，因此似乎很難看清近物。

鼻子 會頻頻抽動，有時甚至每分鐘達120次。具有相當優異的嗅覺，可以憑氣味感知距離並且區分敵我。但人類覺得「好聞」的香水味或烤肉味，對兔子而言會過於刺激，最好格外留意。

嘴巴 兔子的味覺十分靈敏，據說能分辨出8000種味道。然而，即便是對身體有害的東西，只要看起來美味，牠們還是會吃下肚。共有28顆牙齒。會先用相當於門牙的銳利門牙咬下，再用後牙的臼齒磨碎食物。牙齒在一生中會不斷生長亦為兔子的一大特徵。

耳朵 左右耳可分別活動，360度捕捉來自所有方向的聲音。具備絕佳聽力而可聽到遠處或細微的聲響。此處有許多細小血管通過，故可透過耳朵來調節體溫。

毛 包覆皮膚的柔軟短毛被稱作底毛（under coat），用以保護底毛而較長且偏硬的毛則稱為護毛（guard hair）。毛的長度與生長狀況會依品種而異。此外，幼兔柔軟的毛被稱作「胎毛」，會隨著成長而換毛重長。

尾巴 無論何種毛色的兔子，尾巴的內側均為白色。在求偶或是遇到敵人時，會豎起尾巴露出白色部分，用尾巴集中視線來吸引注意或趁機逃跑。此外，搖尾巴則是興奮的表現。緊張或開心時都會搖尾巴。

鬍鬚 兔子的眼睛很難聚焦，所以會利用鬍鬚，即便在狹窄洞穴內也能藉此感測通道的寬度，或在黑暗中摸索時找到通道。此外，嘴巴上方的毛稱作觸毛，對觸碰十分敏感。

腳（前腳、後腳）前腳有5根、後腳有4根腳趾。前腳的構造短而強健，適合挖洞；後腳則是肌肉發達而擅長跳躍與奔跑。4隻腳皆無肉球，而是長滿茂密的毛。

內臟 相較於全身的體型，牠們的心臟與肺臟偏小。相對的，腸胃等消化道十分發達。這就是為什麼即便不胖，肚子卻總是圓鼓鼓的。尤其是盲腸又粗又長，會產生富含維生素B群與蛋白質的盲腸便。

若假設兔子的體重為100％，骨骼占了8％。與貓的13％一比便知兔子的骨骼極輕，而且骨頭較薄而容易骨折，比如抱著時不小心摔落，或在籠內跳躍著地失敗，有時光是這樣就會骨折。因此抱著兔子時，最好是坐著比較令人放心。此外，兔子若往高處攀爬，跳下時也有可能造成骨折，最好格外留意。

骨骼

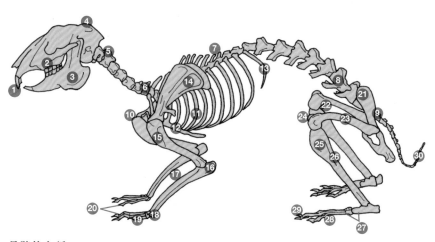

骨骼的名稱

1.門牙骨	2.上頜骨	3.下頜骨	4.頭蓋骨	5.第2頸椎	6.第7頸椎	7.第10頸椎
8.第6頸椎	9.骶骨	10.鎖骨	11.第5肋骨	12.胸骨	13.第13肋骨	14.肩胛骨
15.肱骨	16.尺骨	17.橈骨	18.腕骨	19.掌骨	20.指骨	21.髖關節（髂骨）
22.腓腸肌上的種子骨	23.大腿骨	24.膝蓋骨	25.脛骨	26.腓骨	27.跟骨
28.蹠骨	29.腳趾骨	30.尾椎

公兔與母兔的分辨方式

直到出生後3個月左右為止，公兔的睪丸會隱藏在腹部中。因此兔子幼年時期的性別難辨。試著按壓生殖器周圍並讓前端延展開來，便可看出差異。公兔的生殖器呈圓筒狀且有個洞。只要從左右側推出便可看到陰莖；母兔的生殖器則貼近肛門附近，乍看之下是相連的。隨著性成熟後，公兔的睪丸便會日漸明顯而較容易分辨。

公兔

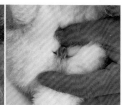

母兔

兔子基本上都討厭被束縛。飼主出於覺得兔子可愛而抱著牠們，但是對於不習慣抱抱的兔子而言，被抱只會感到不適。

野兔屬於會被肉食性動物捕食的被掠食動物。因此一旦遭到束縛，就會覺得被抓住了、要被吃掉了而反感。

即便兔子不喜歡，在進行腹部梳理或餵藥等時候，都必須牢牢抱住並加以保定。只要確實保定，即使兔子暴走也無法任意動彈，便可避免受傷。話雖如此，若以不自然的姿勢保定或使勁壓制，可能會傷及兔子的身體。

下圖為兔子的外側肌肉圖。不妨透過此圖大致掌握兔子肌肉的連接狀態，以便用自然的姿勢來加以保定。

肌肉

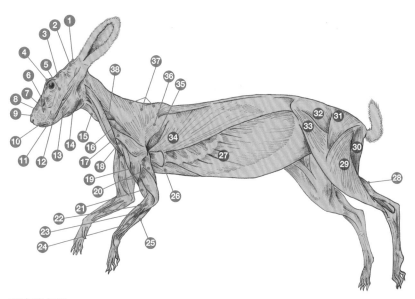

肌肉的名稱

1.上淺盾耳肌	2.下淺盾耳肌	3.額肌	4.眼輪匝肌	5.顴肌
6.提上唇肌	7.犬齒肌	8.提上唇鼻翼肌	9.鼻肌	10.口輪匝肌
11.頦肌	12.頰肌	13.頰骨耳肌	14.咬肌	15.胸骨舌骨肌
16.頸腹側鋸肌	17.肩胛橫突肌	18.鎖骨後頭底肌	19.三角肌的肩峰部位	20.肱三頭肌
21.肱肌	22.橈側伸腕肌	23.伸指總肌	24.指外側伸肌	25.尺側屈腕肌
26.升胸肌	27.腹外斜肌	28.腓腸肌	29.股二頭肌	30.半腱肌
31.鼻骨大腿肌（外展前小腿肌）	32.淺臀肌	33.闊筋膜張肌	34.背闊肌	
35.大圓肌	36.三角肌的肩胛棘部位	37.斜方肌	38.頭夾肌	

體型的說明

ARBA所公認的所有品種皆根據各別的體型特徵分為6大類。只要觀察分屬各組的品種,便可得知培育之目的。本章節將介紹各種類型的特徵,以及各品種所符合的類型。

半拱型
Semi Arch Type

形似曼陀鈴琴倒扣的形狀,因此又稱作曼陀鈴型。此類型大多為超大型品種,培育作為食用肉或毛皮之用。

■品種

美洲兔、比華倫兔、英國垂耳兔、佛萊明巨兔、巨型金吉拉兔

■解說

　　軀幹極長,頂線(top line,從側面看為頸後至臀部的線條)從頸後至肩部為平坦狀,腰部至臀部達到最高點,勾勒出圓弧曲線並延伸至尾巴根部。從側面來看,形狀就像一把倒扣的樂器曼陀鈴,因此又稱作曼陀鈴型。展示姿勢(參照P216)應讓前腳位於眼睛正下方,後腳的趾尖與臀部前部保持在一條直線上。為了更仔細觀察特殊類型的特徵,允許有些品種在擺好展示姿勢後可自然地活動(測量英國垂耳兔的耳朵長度等時候)。

袖珍型
Compact Type

大多為身體嬌小、袖珍且可愛的品種,很適合當寵物。

■品種

美國費斯垂耳兔、英國安哥拉兔、標準金吉拉兔、道奇兔、侏儒海棠兔、佛州大白兔、夏溫拿兔、拉拿兔、迷你垂耳兔、迷你雷克斯兔、波蘭兔、銀兔

■解說

　　比起圓弧型(P19)的兔子,體重較輕且身體較短。有些品種的肩部高度稍低於腰部,因此頂線只有微幅的圓弧曲線。從側面來看,肩部至腰部方向逐漸變窄或幾乎等高。若從上方觀察身體,有些情況下會從腰部往肩部方向逐漸變窄,或腰部與肩部等寬,這些全清楚記載於各品種的審查標準中。展示姿勢應讓前腳位於眼睛正下方,後腳的趾尖與臀部前部保持在一條直線上。此外,讓身體擺出極端蜷縮的姿勢或是任兔子四處活動都是不恰當而不被允許的。

圓弧型
Commercial Type

大多為中型乃至大型的品種，體型豐腴而蓬鬆。除了作為肉食之用之外，此類型多是為了毛髮或毛皮而培育出來的品種。

■品種
法國安哥拉兔、巨型安哥拉兔、緞毛安哥拉兔、海棠兔、香檳兔、加州兔、肉桂兔、美國金吉拉兔、奶油兔、法國垂耳兔、小丑兔、紐西蘭兔、柏魯美路兔、雷克斯兔、美洲黑貂兔、緞毛兔、銀狐兔、銀貂兔

■解說
　　在 ARBA 的品種中，屬於中等的體長且身高與體長相等。頂線於腰部附近達到最高點。若從上方觀察身體，後半身往肩部方向逐漸變窄。格外重視分量十足的身體與結實的豐腴程度。展示姿勢應讓前腳位於眼睛正下方，後腳的趾尖與臀部前部保持在一條直線上。讓身體擺出蜷縮或延展的姿勢都是不恰當的。

圓柱型
Cylindrical Type

始於喜馬拉雅兔的種類，會擺出圓柱狀的獨特展示姿勢。

全拱型
Full Arch Type

此類型具有一定高度的拱狀體型，體態甚是優美。在展覽中，評審會讓牠們在台上奔跑來觀察步態。

■品種
比利時野兔、布列塔尼亞小兔、巨型格紋兔、英國斑點兔、維蘭特兔、黃褐兔、侏儒蝴蝶兔

■解說
　　拱形線條始於頸部根部，經過肩部、胸部與腰部後，延伸至尾巴根部，曲線圓潤流暢而優美。大多數品種的身高比體寬高出許多。若從上方觀察身體，後半身往肩部方向逐漸變窄。會讓布列塔尼亞小兔以外的品種在審核台上自然地奔跑來審查步態。

高頭山型
High Head Mount Type

與袖珍型相似，但此類型的頭部位會於肩部的高處。

■品種
荷蘭垂耳兔、澤西長毛兔、荷蘭侏儒兔、獅子兔

■解說
　　體重輕而體型短，與袖珍型相似，但頭部緊貼於肩部較高處。這種頭部的連接方式取決於肩部構造，不同品種的頭部位置各異。大部分的品種胸部較寬。

■品種
喜馬拉雅兔、捷克霜紋兔

■解說
　　頂線筆直，不會呈拱狀或是高高隆起。若從上方觀察身體，呈筆直圓柱狀的體型會較為理想。
　　展示姿勢應讓前腳與眼睛位置一致，延展身體，後腳與腳跟平放在地板上。

兔子大小的比較

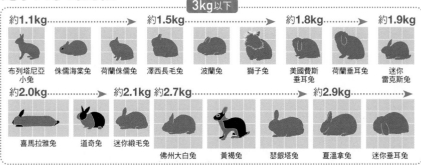

約1.1kg 布列塔尼亞小兔 / 侏儒海棠兔 / 荷蘭侏儒兔
約1.5kg 澤西長毛兔 / 波蘭兔 / 獅子兔
約1.8kg 美國費斯垂耳兔 / 荷蘭垂耳兔
約1.9kg 迷你雷克斯兔

約2.0kg 喜馬拉雅兔 / 道奇兔 / 迷你緞毛兔
約2.1kg
約2.7kg 佛州大白兔 / 黃褐兔
約2.9kg 瑟銀塔兔 / 夏溫拿兔 / 迷你垂耳兔

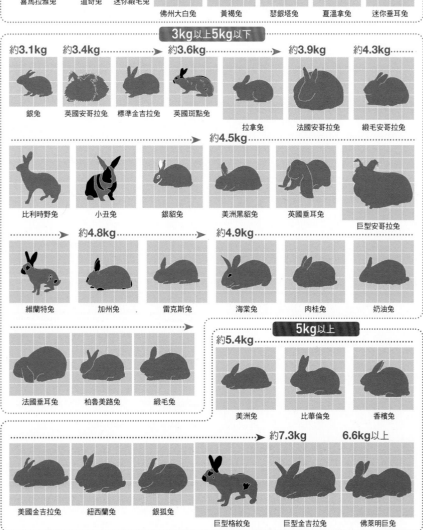

3kg以上5kg以下

約3.1kg 銀兔
約3.4kg 英國安哥拉兔 / 標準金吉拉兔
約3.6kg 英國斑點兔 / 拉拿兔
約3.9kg 法國安哥拉兔
約4.3kg 緞毛安哥拉兔

約4.5kg 比利時野兔 / 小丑兔 / 銀貂兔 / 美洲黑貂兔 / 英國垂耳兔 / 巨型安哥拉兔

維蘭特兔
約4.8kg 加州兔 / 雷克斯兔
約4.9kg 海棠兔 / 肉桂兔 / 奶油兔

法國垂耳兔 / 柏魯美路兔 / 緞毛兔

5kg以上

約5.4kg 美洲兔 / 比華倫兔 / 香檳兔

美國金吉拉兔 / 紐西蘭兔 / 銀狐兔
約7.3kg 巨型格紋兔
6.6kg以上 巨型金吉拉兔 / 佛萊明巨兔

兔子的毛色

在ARBA的分類中，兔子的毛色是根據品種分為兩大類，稱作「一般色系（group）」與「變化色系（variety）」。在兔子展上便是依各個品種分成一般色系與變化色系來進行審查。

· 一般色系：範圍比變化色系還要廣的分類。有幾個變化色系是依毛色紋路（純色、野鼠色等）來分組。
· 變化色系：根據品種依毛色分類，亦為一般色系之一。

一般色系

純色 Self
全身、頭部、前腳、後腳與尾巴的顏色皆同。不會出現麻紋色、野鼠色、漸變色或日晒色等紋路。

漸變色 Shaded
基礎色逐漸發生由深至淺變化的毛色。深色會出現在背部、頭部、耳朵、尾巴與前後腳，從身體往腹部逐漸變淡。

野鼠色 Agouti
1根毛明顯分成3色或是3色以上。通常毛根為深岩灰（深鼠色），另外2種以上的顏色則在毛上深淺交錯出現。

日晒色 Tan Pattern
頭部、背部、胸部、體側、尾巴上側、耳後、後腳與前腳的前側為公認色，與其他部位毛髮形成顏色上的對比。

碎斑色 Broken
以白色為基礎色，各個品種的公認色則呈斑狀紋路。雙耳、雙眼周圍與鼻子有顏色較為理想。大多數品種

的標準為白色之外的顏色，比例是高於10%但低於50%。

白斑點 Pointed White
身體為純白色，只有清晰的黑色或紫丁香色斑紋。眼睛顏色則因粉紅色虹膜而瞳孔呈紅色。

麻紋色 Ticked
毛底部顏色（毛根的顏色）與表面顏色是截然不同的單色，或毛尖顏色迥異的護毛（外層毛）覆蓋全身。

其他色系（AOV）
Any Other Variety
不屬於其他任何色系的體色。僅出現在荷蘭侏儒兔身上。

廣義色 Wide Band
相同的色調遍布於全身、頭部、耳朵、尾巴與腿部。淡色分布在眼睛周圍、耳朵內側、尾巴下方、下顎與腹部。

■ 歸類為變化色系的品種
美洲兔、美洲黑貂兔、巨型安哥拉兔、比利時野兔、比華倫兔、海棠兔、布列塔尼亞小兔、加州兔、香檳兔、巨型格紋兔、

美國金吉拉兔、巨型金吉拉兔、標準金吉拉兔、肉桂兔、奶油兔、道奇兔、侏儒海棠兔、英國斑點兔、佛萊明巨兔、佛州大白兔、夏溫拿兔、喜馬拉雅兔、拉拿兔、迷你雷克斯兔、迷你緞毛兔、紐西蘭兔、柏魯美路兔、波蘭兔、雷克斯兔、維蘭特兔、緞毛兔、銀兔、銀狐兔、銀貂兔、黃褐兔、瑟銀塔兔

■ 歸類為一般色系的品種
美國費斯垂耳兔、英國安哥拉兔、法國安哥拉兔、緞毛安哥拉兔、小丑兔、荷蘭垂耳兔、澤西長毛兔、英國垂耳兔、法國垂耳兔、迷你垂耳兔、荷蘭侏儒兔、獅子兔

毛色一覽表
毛色的釋義會依品種而異。在此針對圖示的品種進行毛色解說。

＊純色系 Self Group

黑色 Black
全身為深黑色，底色則為深板岩藍。

藍色 Blue
全身為深藍色，底色則為中階藍。

巧克力色 Chocolate
全身為深巧克力色，底色則為鴿子灰。

紫丁香色 Lilac
全身為帶點深粉色的鴿子灰，底色則為帶點藍色的鴿子灰。

白色 White
全身為純白色，眼睛呈粉紅色。

藍眼白色 Blue Eyed White
全身為純白色，眼睛呈亮藍色。

紅眼白色 Ruby Eyed White
全身為純白色，眼睛的瞳孔呈寶石紅且有淡粉紅色的虹膜。

＊漸變色系 Shaded Group

珍珠色 Pearl
鼻子、臉部、耳朵、腳與尾巴上有或深或淺的黑貂色、黑色、藍色、巧克力色或紫丁香色的斑紋，全身呈珍珠色漸層。底色則為白色。

磨砂珍珠黑色
Frosted Pearl Black
直到毛根皆為淡珍珠色，末端帶點淡黑色。腹部呈珍珠色。

磨砂珍珠藍色
Frosted Pearl Blue
直到毛根皆為淡珍珠色，末端帶點淡藍色。腹部呈珍珠色。

磨砂珍珠巧克力色
Frosted Pearl Chocolate
直到毛根皆為淡珍珠色，末端帶點淡巧克力色。腹部呈珍珠色。

磨砂珍珠紫丁香色
Frosted Pearl Lilac
直到毛根皆為淡珍珠色，末端帶點淡紫丁香色。腹部呈珍珠色。

黑貂色 Sable
頭部、耳朵、背部、腳的外側與尾巴上部為深棕褐色，往體側、胸部、腹部、腳的內側與尾巴下側逐漸變淡。

黑貂斑紋色 Sable Point
鼻子、耳朵、腳與尾巴為棕褐色，表面顏色為奶油色，底色則為乳白色。

暹羅黑貂色 Siamese Sable
頭部、耳朵、背部、腳的外側與尾巴上部為深棕褐色，往體側、胸部、腹部、腳的內側與尾巴下側逐漸變淡。底色則比表面顏色稍淡些。

深褐色 Seal
背部為深暗的深棕褐色（幾近似於黑色）。腹部、胸部與側腹的顏色略微變淡。底色則會依據全身的顏色而變化。

煙燻珍珠色 Smoke Pearl
頭部、耳朵、背部、腳與尾巴上側為深煙燻灰色，往體側、胸部、腹部、腳的內側與尾巴下側逐漸變淡為珍珠灰色。底色則比表面顏色稍淡些。

暹羅煙燻珍珠色
Siamese Smoke Pearl
頭部、耳朵、背部、腳的外側與尾巴上側為深煙燻灰色，往體側、胸部、腹部、腳的內側與尾巴下側逐漸變淡為珍珠灰色。底色則比表面顏色稍淡些。

黑玳瑁色
Tortoise Shell Black
身體為帶點橙色的褐色，體側、臀部、腹部、頭部、耳朵、腳與尾巴的灰黑色呈漸層狀。底色則為灰白色。

藍玳瑁色
Blue Tortoise Shell
臉部、耳朵、腳以及尾巴為煙燻藍色。身體為帶一點藍色的淡黃褐色。底色則為淡奶油色。

巧克力玳瑁色
Chocolate Tortoise Shell
臉部、耳朵、腳與尾巴為奶油巧克力色。背部覆蓋一層淡黃褐色，側腹、臀部與腹部則帶點奶油巧克力色。

紫丁香玳瑁色
Lilac Tortoise Shell
臉部、耳朵、腳與尾巴為紫丁香色。背部覆蓋一層米色或杏色，側腹、臀部與腹部則帶點紫丁香色。

＊野鼠色系 Agouti Group

栗色 Chestnut
身體上方與側面的表面顏色為淡褐色，有末端為深黑色的毛摻雜其中。毛的中間有道清晰的橙色條紋，底色則為深板岩藍。頸後為橙色。

巧克力灰栗色
Chesnut Agouti Chocolate
表面顏色為深暗的栗色，有末端為巧克力色的護毛摻雜其中。毛的中間有多道淺棕色（褐色）條紋。底色則為鴿子灰。

金吉拉色 Chinchilla
身體上方與側面的顏色為末端呈珍珠白色的深黑色，中間有道清晰的珍珠白色條紋。底色則為板岩藍。

巧克力金吉拉色
Chinchilla Chocolate
表面顏色為巧克力色與珍珠色交織，有末端為巧克力色的護毛摻雜其中。毛的中間有一道或多道珍珠色或巧克力色色調的條紋。底色則為鴿子灰。

紫丁香金吉拉色
Chinchilla Lilac
表面顏色為紫丁香色與珍珠色交

織，有末端為紫丁香色的護毛摻雜其中。毛的中間有一道或多道珍珠色或明亮紫丁香色色調的條紋。底色則為亮紫丁香色。

黑貂金吉拉色
Chinchilla Sable

表面顏色為棕褐色與珍珠色交織。毛根為深棕褐色且有道粗條紋，中間有道介於珍珠色與灰白色之間的條紋，末端則有道深棕褐色的極短條紋。

煙燻珍珠金吉拉色
Chinchilla Smoke Pearl

表面顏色為煙燻色與珍珠色交織。毛根有道煙燻色的粗條紋，中間有道介於珍珠色與灰白色之間的條紋，末端則有道深煙燻色的極短條紋。

紅銅色 Copper

表面顏色為紅褐色，有末端為黑色的護毛摻雜其中。毛的中間有單色或多色、明亮且偏紅的橙色或明亮深板岩色調的條紋。底色則為板岩色。

山貓色 Lynx

身體上方與側面的表面顏色為紫丁香色與淡黃褐色交織而成。中間的條紋為淡黃褐色，底色則為灰白色。

蛋白石色 Opal

身體上方與側面的表面顏色為藍色與淡黃褐色交織而成。毛的中間有道淡黃褐色的條紋，底色則為板岩藍。頸後為淡黃褐色。

藍松鼠色 Squirrel

身體上方與側面的表面顏色為藍色與白色交織而成。毛的中間有道白色條紋，底色則為板岩藍。頸後為白色。

＊碎斑色系 Broken Group

碎斑色 Broken

由各個品種的所有公認色與白色搭配而成。一般認為趾甲顏色以白色為佳，但趾甲顏色不一也無妨。眼睛顏色則依各自的公認色為準。

碎斑三色 Tri-colored

白色分別配上深黑色與金橙色、藍色與金黃褐色、深巧克力色與金橙色，或紫丁香色與金黃褐色。

＊白斑點色系 Pointed White Group

白斑點色 Pointed White

身體毛色為純白色。鼻子、耳朵、腳與尾巴上有黑色／藍色／巧克力色／紫丁香色的斑紋。眼睛的瞳孔呈寶石紅且有淡粉紅色的虹膜（與後述的喜馬拉雅兔同色）。

＊日晒色系 Tan Pattern Group

黑獺色 Black Otter

頭部、耳朵外側、前腳前側、後腳外側、背部與身體側面為黑色，底色則為深板岩藍。頸後有橙色斑紋。腹部、鼻孔、眼睛周圍、下顎、尾巴下方、耳朵內側、前腳後側與後腳內側為乳白色。腹部的底色則為板岩藍。

藍獺色 Blue Otter

頭部、耳朵外側、前腳前側、後腳外側、背部與身體側面為藍色，底色則為中階藍。頸後有淡黃褐色斑紋。腹部、鼻孔、眼睛周圍、下顎、尾巴下方、耳朵內側、前腳後側與後腳內側為乳白色。腹部的底色則為板岩藍。

巧克力獺色 Chocolate Otter

頭部、耳朵外側、前腳前側、後腳外側、背部與身體側面為巧克力色，底色則為鴿子灰。頸後有橙色斑紋。腹部、鼻孔、眼睛周圍、下顎、尾巴下方、耳朵內側、前腳後側與後腳內側為乳白色。腹部的底色則為板岩藍。

紫丁香獺色 Lilac Otter

頭部、耳朵外側、前腳前側、後腳外側、背部與身體側面為紫丁香色，底色則為淡鴿子灰。頸後有淡黃褐色斑紋。腹部、鼻孔、眼睛周圍、下顎、尾巴下方、耳朵內側、前腳後側與後腳內側為乳白色。腹部的底色則為板岩藍。

黑貂色 Sable Marten

基礎色為暹羅黑貂色，日晒色系的斑紋為銀白色。腹部的底色則為淡棕褐色。

黑銀貂色
Black Silver Marten

基礎色為黑色。日晒色系的斑紋為銀白色。底色則為深板岩藍。

藍銀貂色
Blue Silver Marten

基礎色為藍色。日晒色系的斑紋為銀白色。底色則為深藍色。

巧克力銀貂色
Chocolate Silver Marten

基礎色為黑色。日晒色系的斑紋為銀白色。底色則為鴿子灰。

紫丁香銀貂色
Lilac Silver Marten

基礎色為紫丁香色。日晒色系的斑紋為銀白色。底色則為淡鴿子灰。

煙燻珍珠貂色
Smoke Pearl Marten

基礎色為煙燻珍珠色，日晒色系的斑紋為銀白色。腹部的底色則為淡煙燻色。

黑褐色 Tans Black

頭部、耳朵外側、前腳前側、後腳外側、背部與身體側面為黑色，底色則為板岩藍。鼻孔、眼睛周圍、下顎、耳朵內側、頸後三角區、頸部周圍、尾巴下方、前腳後側、後腳內側、腹部與胸部為深暗的淺棕色（褐色），帶點如火焰燃燒般的紅色。

藍褐色 Tans Blue

頭部、耳朵外側、前腳前側、後腳外側、背部與身體側面為藍色，底色則為中階藍。鼻孔、眼睛周圍、下顎、耳朵內側、頸後三角區、頸部周圍、尾巴下方、前腳後側、後腳內側、腹部與胸部為深暗的淺棕色，帶點如火焰燃燒般的紅色。

巧克力褐色 Tans Chocolate

頭部、耳朵外側、前腳前側、後腳外側、背部與身體側面為巧克力色，底色則為鴿子灰。鼻孔、眼睛周圍、下顎、耳朵內側、頸後三角區、頸部周圍、尾巴下方、前腳後側、後腳內側、腹部與胸部為深暗的淺棕色，帶點如火焰燃燒般的紅色。

紫丁香褐色 Tans Lilac

頭部、耳朵外側、前腳前側、後腳外側、背部與身體側面為紫丁香色，底色則為淡鴿子灰。鼻孔、眼睛周圍、下顎、耳朵內側、頸後三角區、頸部周圍、尾巴下方、前腳後側、後腳內側、腹部與胸部為深暗的淺棕色，帶點如火焰燃燒般的紅色。

*麻紋色系 Ticked Group

黑鋼色 Steel Black ※
全身毛色為深墨色或灰鋼色，其中混有金色或銀色的雜毛。腹部與尾巴下方顏色稍淺，未混有雜毛也無妨。

藍鋼色 Steel Blue ※
全身毛色為藍色，其中混有金色或銀色的雜毛。腹部與尾巴下方顏色稍淺，未混有雜毛也無妨。

巧克力鋼色 Steel Chocolate ※
全身毛色為巧克力色，其中混有金色或銀色的雜毛。腹部與尾巴下方顏色稍淺，未混有雜毛也無妨。

紫丁香鋼色 Steel Lilac ※
全身毛色為紫丁香色，其中混有金色或銀色的雜毛。腹部與尾巴下方顏色稍淺，未混有雜毛也無妨。

※ 鋼色中若混有金色雜毛，命名時會在最後加上 gold tipping，若混有銀色雜毛則加上 silver tipping。插圖中的是 gold tipping。

*其他色系 or 廣義色系 AOV or Wide Band Group

奶油色 Cream
身體、頭部、耳朵、腳與尾巴上方的毛直至毛根皆為奶油米色。眼睛周圍的眼圈、耳朵內側、鼻孔、下顎下方、腹部與尾巴下方為白色。底色亦為白色。

淡黃褐色 Fawn
身體毛色為奶油橙色。底色與腹部的毛色為灰白色。耳朵內側則為白色。

霜白色 Frosty
愈接近淡珍珠色愈理想。對著毛吹氣時，毛尖會出現淡淡的環狀紋路。鼻子、耳朵與腳亦可為稍深的色調。腹部與底色則為淡珍珠白色或白色。

橙色 Orange
頭部、耳朵外側、背部與尾巴上方的表面顏色為明亮的橙色，往身體側面與胸部逐漸變淡。底色則為灰白色。腹部表面、前腳內側、後腳內側與下顎下方部位為白色，底色則為灰白色。

紅色 Red
直至毛根皆為明亮且帶點紅色的栗色，但沒有像深暗的桃花心木紅那麼深。腹部的顏色稍微變淡而略呈奶油色。

喜馬拉雅色 Himalayan
身體毛色為純白色。鼻子、耳朵、腳與尾巴上有黑色／藍色／巧克力色／紫丁香色的斑紋。眼睛的瞳孔呈寶石紅且有淡粉紅色的虹膜。

*其他

灰色 Gray（道奇兔）
有著野鼠色的明顯紋路，毛根為板岩藍，緊接其後依序是中段的淺棕色與黑褐色的細條紋，末端則為明亮的淺棕色。腹部顏色為白色或奶油色，底色則為板岩藍。

灰色 Gray（英國斑點兔）
灰色部分是由3種顏色各異的毛所構成。這3種分別是整體為黑毛、黑毛末端有淺棕色條紋的毛，以及黑色且僅末段帶淺棕色的毛。

金色 Gold（英國斑點兔）
極具光澤且明亮，閃閃發光般的美麗金色。底色為灰白色。

亮灰色 Light Gray
（佛萊明巨兔）
表面顏色為均勻的亮灰色。可看到野鼠色紋路有末端為黑色的護毛散布其中。底色則為板岩藍。腹部顏色為白色，底色則為板岩藍。

淺棕色 Sandy
（佛萊明巨兔）
表面顏色為帶點紅色的土黃色，有形成對比的深色雜毛錯落其中。底色則為板岩藍。腹部顏色為白色或奶油色。

灰鋼色 Steel Gray
（佛萊明巨兔）
表面顏色為黑鋼色，有適量的淡灰色護毛均勻地散布其中。底色則為板岩藍。腹部顏色為白色，底色則為板岩藍。

日系黑色 Japanese Black
（小丑兔）
身上有深黑色與金橙色交錯。

日系藍色 Japanese Blue
（小丑兔）
身上有薰衣草藍與金黃褐色交錯。

日系巧克力色
Japanese Chocolate（小丑兔）
身上有深巧克力色與金橙色交錯。

日系紫丁香色
Japanese Lilac（小丑兔）
身上有表面帶深粉色的鴿子灰與金橙色交錯。

鵲黑色 Magpie Black
（小丑兔）
身上有深黑色與白色交錯。

鵲藍色 Magpie Blue
（小丑兔）
身上有薰衣草藍與白色交錯。

鵲深棕色 Magpie Chocolate
（小丑兔）
身上有深巧克力色與白色交錯。

鵲紫丁香色 Magpie Lilac
（小丑兔）
身上有表面帶深粉色的鴿子灰與白色交錯。

海狸棕色 Castor
（迷你雷克斯兔、雷克斯兔）
表面顏色為帶點紅色而深暗的栗褐色，毛尖略呈黑色。底色為板岩藍，有道寬度一致且明顯的紅褐色中間條紋。腹部顏色為白色或奶油淺棕色，底色則為板岩藍。

金色 Golden（柏魯美路兔）
表面顏色為明亮有光澤且均勻的金色，底色為奶油色或白色。尾巴下方、腹部、腳上肉墊以及下顎為淡奶油色或是白色。

加州色 Californian
（緞毛兔）
身體毛色為帶點象牙色的白色。鼻子、耳朵、腳與尾巴上的斑紋為看似黑色的深棕褐色。

黑色 Black（銀兔）
顏色深而幽暗，光澤與光輝更加強其深度。最大限度凸顯出銀色護毛。底色則為深藍色。

褐色 Brown（銀兔）

顏色深、明顯且深暗的栗色中，均勻地混有銀色與黑色的毛。毛的表面顏色為栗色，中間有橙色條紋，底色則為板岩藍。腹部與尾巴下方為明亮的奶油色或白色。

淡黃褐色 Fawn（銀兔）

表面顏色為明顯且深暗的橙色，混有銀色的毛。底色則盡可能與表面顏色一致。腹部與尾巴下方為明亮的奶油色或白色。

兔子的毛色名稱是由各品種的國家俱樂部所制定，因此即便顏色相同，也會因為品種各異而名稱略有不同。

Mini Column

關於碎斑色的紋路

碎斑色有3種紋路。分別為斑點紋路錯落分布的斑點型、摻雜著大片斑狀紋路的毛毯型，以及眼睛、耳朵、背部與鼻子上混有小色斑的查理型。此外，碎斑色占全身的比例必須低於10%或不得高於50%。

斑點型

斑點狀毛色錯落分布。

查理型

斑紋或斑點極少的類型。通常是耳朵或眼睛周圍有一點顏色，背部與身體則幾乎沒有摻雜其他顏色。據說是因為很像查理・卓別林的鬍子而得此名。

毛毯型

摻雜著大片斑狀紋路。

Mini Column

野鼠色的3段式毛色

氣息吹拂在野鼠色的毛上，會出現如下方照片般的環狀紋路。每根毛皆分為3種顏色，因此環狀也形成3色的層次。出現這種環狀紋路是野鼠色系獨具的特徵。

品種圖鑑的閱覽方式

所謂的純種，根據確立品種的歷程，每一種的外觀、個性與身體機能等不盡相同。此頁將解說從 P32 開始的兔子品種圖鑑的基本閱覽方式。此外，本書圖鑑中所列出的兔子品種皆是以 ARBA 公認的品種審查標準（品種基準）為基礎。

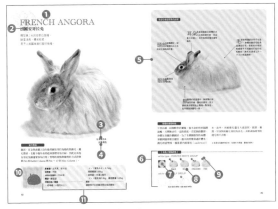

❶ARBA（美國家兔繁殖者協會）所制定的公認品種名稱

❷品種名稱的中文

❸照片上兔子的毛色分類（一般色系＆變化色系）

❹照片上兔子的毛色

❺品種各部位審查標準的說明

所謂的審查標準（品種基準），是指能展現該品種原有魅力的理想體型，關於各品種每個個部位的長度、形狀與連接位置等的基準皆有詳細的定義，在兔子展上便是依循這套基準來進行審查。

以毛髮為例，逆著毛流撫摸毛髮時，是會立即恢復原位的「飛背毛（flyback）」，還是會緩緩恢復原位的「捲背毛（rollback）」，皆取決於各個品種（參照P59）。各項愈接近審查基準的兔子會獲得愈高的評價。

❻會出現在品種身上的毛色一覽表（顏色範本）
詳情請參照 P21 ～ 28

❼會出現在品種身上的毛色變化色系＆一般色系的分類

❽會出現在品種身上的毛色插圖與毛色名稱

❾會出現在品種身上的眼睛顏色

眼睛顏色包括藍色、藍灰色、褐色、紅色與大理石色（虹膜帶有灰色與藍色），也取決於各個品種的顏色（毛色）。此外，這5種顏色的色調又依品種而有微妙的差異。比如粉紅色與深紅色也被歸類為「紅色」。

藍色　藍灰色　褐色　紅色　大理石色

❿體型大小的概略比較（以最大種佛萊明巨兔為最大體型）：詳情請參照 P20

⓫●品種的原產國

●品種的培育者名稱

●ARBA 註冊年（品種獲得公認的年分）

●ARBA制定的兔子體型

分為 6 大類型，分別為半拱型、袖珍型、圓弧型、圓柱型、全拱型與高頭山型。詳情請參照 P18 ～ 19。

●ARBA 的評鑑分級與體重

兔子展上會依以下的評鑑分級分別針對雄雌進行審查。標示其概略的體重及理想體重。

・成年組：小型～中型品種，年齡超過6個月的兔子。大型品種則超過8個月

・青少年組：大型品種，年齡超過6個月但未滿8個月的兔子

・幼年組：出生後未滿6個月的兔子

・嬰兒組：出生後未滿3個月的兔子

●品種的歷史

介紹該品種是由哪些品種交配所培育出來的，以及從培育至註冊 ARBA（公認）為止的歷史。

品種圖鑑的數據類皆是以 ARBA 所出版的手冊《Standard of Perfection》為基準。
該冊子中未記載的數據也不會刊載於本書中。特別值得一提的項目則會註記「未載於SP中」。

51個公認的
兔子品種圖鑑

世界上有不計其數的兔子種類與品種，本書中依其豐富的毛色變化來介紹全球規模最大的美國兔子俱樂部ARBA所公認的51個品種。

　　不僅限於美國，在各個國家（主要是歐洲各國）培育品種並在日本販售的純種兔中，有些是來自歐洲，不過日本主要還是從美國進口，兔子專賣店等處所販售的純種兔也多為美國品種。

　　此章節也刊載了不少在日本還看不到的稀有品種。包括特徵、毛色變化、歷史與飼育的重點等。倘若能讓讀者認識有著多樣魅力的各種兔子，遙想著素未謀面的兔子，更加沉浸於魅力十足的兔子世界之中，這將會是筆者莫大的榮幸。

ARGENT BRUN
銀褐兔

深巧克力色上裹了一層銀色霜紋外衣的兔種。所謂的「ARGENT」意即銀色。
在ARBA中是繼香檳兔與奶油兔之後，第3個銀色系兔種。

魅力焦點

各式各樣的品種中皆不乏巧克力色的兔子，不過唯獨在這種銀褐兔身上才看得到如此奇特的毛色。巧克力色與銀色的毛均勻交織，美得令人挪不開眼睛。

原產國…法國
培育者…H.D.H. Dowle
ARBA註冊年…2016年
體型…圓弧型
評鑑分級／體重
- 成年組（8個月以上）
  ♂…3.62〜4.53kg　理想體重4.82kg
  ♀…3.85〜4.76kg　理想體重4.30kg
- 青少年組（6個月〜8個月）
  ♂…不超過4.08kg　♀…不超過4.30kg
- 幼年組（未滿6個月）
  ♂…不超過3.62kg　最低體重2.49kg
  ♀…不超過3.85kg　最低體重2.49kg
- 嬰兒組（未滿3個月）
  ♂♀…不超過2.49kg

歷史
銀褐兔是1800年代後半於法國培育出的品種。然而，到了1900年的年初，卻已經不見其蹤影。在1939年至1941年期間，H.D.H. Dowle重現了這個美麗的品種。Dowle以奶油兔與銀藍色的夏溫拿兔來配種，之後又為了改良毛質與毛色，使其與褐色比華倫兔進行交配，培育出銀褐兔。美國則是起源於2005年，在銀色香檳兔的巢箱中發現了偶然誕生的褐色幼兔。反覆篩選交配後，Charmaine Wardrop於2016年將其列為ARBA的公認品種。相對於歐洲同品種的體重為2.7kg，美國的體型格外龐大，足足有4.5kg。

各部位審查標準的說明

頭部…寬而圓。頸部較短且緊貼著肩部。
耳朵…長度中等並且毛髮濃密，雙耳相觸地直立於頭上。
毛…飛背毛。長度中等、觸感佳且濃密。整體為均勻的銀色霜紋巧克力褐色。鼻尖的蝴蝶紋路、耳朵與腳則顏色稍深。
眼睛…褐色。
腳…筆直且腿骨長度中等。趾甲為深褐色。

整體的身體特徵

長度中等，身高與體寬幾乎一致。十分發達的肩部與後半身皆有一定的高度，肩部位置稍低於臀部，寬度較窄，若從上方觀察，則是往臀部方向逐漸變窄。背部從頸後勾勒出平緩的曲線，臀部上方為最高處。整體來說身體十分豐腴，尤其是臀部附近格外結實。

Dwarf Papillon
侏儒蝴蝶兔

此品種重現了荷蘭侏儒兔的體型，以及英國斑點兔或巨型格紋兔等的斑紋。重視各部位準確的斑紋，培育出完美的侏儒蝴蝶兔成為育種家的目標。

魅力焦點

以斑紋的培育來說，此品種的魅力在於，若說英國斑點兔是國王，侏儒蝴蝶兔則可謂為王子。依照現今的審查標準，體重的範圍很廣，從1.1kg到1.9kg不等，導致即便是同一品種，也會因為大小不同而印象各異。此外，歐洲的品種是臉部呈橢圓形且身體較長；美國則經過反覆改良，臉部呈圓狀且身體較短。將來若能培育出與荷蘭侏儒兔更相似的臉型與體重，想必會擁有更多的愛好者。

原產國…德國
培育者…Randy Shumaker & Maddie Pratt
ARBA註冊年…2020年
體型…全拱型
評鑑分級／體重
- 成年組（6個月以上）

♂♀…1.13～1.92kg
・幼年組（未滿6個月）
　♂♀…不得超過1.70kg　最低體重907g

歷史
侏儒蝴蝶兔是於德國培育出來的品種，命名為「Zwergshecken」。直接翻譯成英語即為Dwarf Check，為小格紋之意。在2015年的歐洲世界博覽會上，瑞士、義大利、德國、法國、瑞典等歐洲各國皆有展出，名字則被統一稱為「Nain Papillon」，在法語中意指小型蝴蝶。育種家Randy Shumaker與Allen Mesick為參加該展覽的ARBA評審，首度將6隻「Nain Papillon」進口至美國。其後，兩人再次從法國、德國與瑞典進口，並於2015年取得ARBA的新品種培育許可。2020年由Randy Shumaker與Maddie Pratt以侏儒蝴蝶兔（Dwarf Papillon）之名進行註冊，成為第一個巧克力毛色的公認品種。黑色與藍色則於2021年成為公認色。

頭部…頭型圓潤，與身體比例達到絕佳平衡。頭部緊貼著身體。從額頭、眼周至鼻尖為止的範圍較寬。
耳朵…與頭部及身體比例達到絕佳平衡。直立於頭上，往外開略呈V字形。有一定的厚度並且毛髮十分濃密。
毛…捲背毛。毛短而濃密，觸感絕佳。
腳…前腳筆直且腿骨長度中等。

整體的身體特徵

較為粗矮。肩部與腰部幾乎等寬較為理想，不過從肩膀往腰部方向逐漸變窄也是可以接受的。頂線較短，直到腰部都十分圓潤。

Czeck Frosty
捷克霜紋兔

註冊於2022年，是ARBA中的第51個新品種。繼喜馬拉雅兔之後，第2個擁有圓柱型體型的兔種。外觀相當獨特，為耳朵較長且全身有著淡褐色霜紋的白色兔子，粗矮的軀幹則呈長且筆直的圓筒狀。

魅力焦點

所謂的霜白色，意指「如下霜般」或是「雪白如霜」。此品種的特徵在於毛色，令人聯想到霜落在地面般的景色。臉部如荷蘭侏儒兔般圓潤而予人可愛的印象。長而粗矮的身體為圓筒狀的圓柱型，散發著與其他品種大相逕庭的氣息。

原產國…捷克共和國
培育者…Dori Smith
ARBA註冊年…2022年
體型…圓柱型
評鑑分級／體重
・成年組（6個月以上）
　♂♀…2.83～3.74kg　理想體重3.17kg
・幼年組（未滿6個月）
　♂♀…不得超過2.94kg　最低體重1.47kg

歷史
捷克霜紋兔又稱作Czech Black-Haired等，是1950年代首度於捷克共和國培育出來的中型品種。1991年在德國取得品種認證後，又於1995年獲得歐洲的認證。美國則是由Don Havlicek於2013年首度從捷克共和國進口此品種。於2022年成為ARBA第51個公認品種，是繼喜馬拉雅兔之後第2個有著圓柱型體型的兔種。

頭部…短而豐腴，臉頰蓬鬆。公兔的頭比母兔還要大且硬實。緊貼著身體。
耳朵…有一定的厚度，毛髮濃密且末端為圓形。耳根處較寬並且緊挨著呈直立狀。耳朵長度不得超過10.8cm。
腳…筆直且腿骨長度中等。趾甲顏色均勻。幼年組的趾甲會有些色素但顏色淺些也無妨。
毛…回捲緩慢。底毛略短且相當濃密。又長又粗且偏硬的護毛分布均勻。毛呈倒豎狀，無論往哪個方向撫摸都會緩緩地恢復原位。長度以2.24cm較為理想，觸感柔軟，不像捲毛般有些較硬有些絲滑。

整體的身體特徵

結實且呈圓筒狀。頂線從頸後開始呈平坦狀，肩部與腰部等寬。腰部蓬鬆且豐腴。臀部則從任何角度觀看都圓潤不已。

AMERICAN
美洲兔

ARBA 的公認品種中顏色最深的藍色兔種。
為曼陀鈴型的大型種。是於美國培育出來，
作為毛皮與食用肉之用的品種。

藍色

魅力焦點

此兔種的魅力當然是那身所有
品種中最美麗的深藍色毛皮。
還有修長而優美的半拱型體
態亦為其特徵之一。性情溫和
而沉穩。此外，產下的幼兔數
量多，成長快速且體重增加也
快，因此作為食用肉品種也很
受歡迎。

原產國⋯美國　加利福尼亞州帕薩迪納	♂⋯4.08 ～ 4.99kg　理想體重4.54kg
培育者⋯Lewis H. Salisbuly	♀⋯4.54 ～ 5.44kg　理想體重4.99kg
ARBA 註冊年⋯1918 年	・青少年組（6個月～ 8個月）
體型⋯半拱型	♂⋯未滿4.54kg　♀⋯未滿4.99kg
評鑑分級／體重⋯⋯⋯⋯⋯⋯⋯⋯⋯⋯	・幼年組（未滿6個月）
・成年組（8個月以上）	♂・♀皆未滿4.08kg　最低體重2.04kg

各部位審查標準的說明

耳朵 長度與身體及頭部尺寸比例達到平衡。直立且往尖端方向稍微變窄。

頭部 頭型漂亮而稍窄。過長或凹凸不平都是不被允許的。

眼睛 圓潤而明亮。

腳 筆直且腿骨長度中等。趾甲顏色依體毛顏色為準，白毛則為白色，藍毛則為深藍色。

毛 飛背毛。若為藍毛種，則為全身均勻、深暗且明顯的深板岩藍。

白色

尾巴 筆直且與身體毛色一致。

整體的身體特徵

從肩部後方勾勒出平緩的拱狀曲線，於腰部稍前處達到最高點，呈半拱型。亦稱作曼陀鈴型。若從上方觀察，臀部往肩部方向稍微變窄。在繁殖美洲兔時，偶爾會生出此品種未認可的藍珍珠色（舊名為霜白色）毛色，與荷蘭垂耳兔的霜白色同色。

【毛色／眼睛顏色】

blue　　　white

歷史
此品種最初被稱為德國維也納藍兔（German Blue Wien），但在第一次世界大戰之後改名為美洲藍兔（American Blue）。一般認為是與奧地利的品種維也納藍兔、英國的古老品種帝國兔、比華倫兔、佛萊明巨兔（以上四種皆為藍毛兔）等品種進行交配所孕育出來的。此外，白色品種則是透過與白色的佛萊明巨兔交配所培育出的品種，於1925年註冊為ARBA的公認品種。到了1940年代成為炙手可熱的品種，其毛皮與活體的交易價格不菲，但是進入1950年後，其地位被紐西蘭兔等其他品種所取代。現由少數育種家所飼育，成了美國最稀有的兔子品種之一。

AMERICAN FUZZY LOP

美國費斯垂耳兔

特徵在於美麗的長毛。與成為此品種之根源的荷蘭垂耳兔
同為垂耳兔種中最小型的品種。

▼漸變色系
藍玳瑁色

魅力焦點

美國費斯垂耳兔的魅力在於被形容為「毛絨絨
（fuzzy）」、如蓬鬆絨毛球般的身姿，亦為其英文
名稱之由來。扁平而討喜的臉蛋，加上緊實而圓
潤的身形，宛如布偶般可愛。性情溫和而沉穩，
好奇心旺盛。

原產國…美國	♂…未滿1.81kg　理想體重1.59kg
培育者…Patty Greene Karl	♀…未滿1.81kg　理想體重1.7kg
ARBA註冊年…1988年	・幼年組（未滿6個月）
體型…袖珍型	♂・♀皆未滿1.59kg　最低體重0.79kg
評鑑分級／體重	歷史
・成年組（6個月以上）	從長毛型荷蘭垂耳兔所衍生出的品種。早

36

頭部 頭型很寬，從側面來看，頭部至下顎、頸後皆圓滾滾，但臉部扁平。

耳朵 從眼睛兩側垂直垂下，往臉頰張開。有一定厚度與寬度，末端為圓形狀。與頭部間比例的平衡至關重要，達到略低於下顎線左右的長度為佳。

毛 全身毛髮均勻而濃密。捲毛略硬而生氣蓬勃。不會太柔軟或呈毛氈狀。若是幼年組，質地如柔軟的捲毛也無妨。全身的毛長度一致，至少5cm。

腳 筆直且粗短。若為碎斑色，趾甲顏色可深可淺。

整體的身體特徵

身體較短，身高與體寬幾乎相等的袖珍型。身體的中央部位十分豐腴，臀部比肩部稍寬。直到臀部下方都很有肉而圓潤不已。頂線從肩部平緩爬升，勾勒出圓潤流暢的曲線並延伸至尾巴下方。身體相當結實，緊實且比例絕佳。

期的荷蘭垂耳兔只有單色（全身只有一種顏色），透過與英國斑點兔交配而培育出碎斑色。然而，毛質卻變成了飛背毛，為了改良毛質而又與法國安哥拉兔交配。最終穩定誕下恢復為捲背毛毛質、被稱為 Fuzzy Holland 的長毛荷蘭垂耳兔後代。Patty Greene Karl 是注意到這種 Fuzzy Holland 頗受歡迎的人之一，她查明 Fuzzy Holland 是一種隱性遺傳，讓2隻帶有這種基因的荷蘭垂耳兔進行交配，有25％的機率會生出 Fuzzy Holland。她將這些兔子命名為美國費斯垂耳兔，並決定將其視為新品種來培育，並於4年後的1985年獲認定為培育者。於1988年成為 ARBA 的公認品種。

毛色變化

▼ 碎斑色系
碎斑玳瑁色

▼ 碎斑色系
碎斑黑貂斑紋色

Mini Column

獨有的審查標準
美國費斯垂耳兔是從荷蘭垂耳兔衍生出來的品種，但現在已有一套獨有的審查標準（品種基準）。舉例來說，荷蘭垂耳兔的頭部位置落於肩部的最高處，但美國費斯垂耳兔的位置則必須低於荷蘭垂耳兔。此外，毛的長度也應超過5cm。

【 毛色／眼睛顏色 】 ·····························

AGOUTI GROUP

chestnut　chinchilla　lynx　opal　squirrel

BROKEN GROUP

broken

POINTED WHITE GROUP

black　blue　chocolate　lilac

WIDE BAND GROUP

fawn　orange

※碎斑（broken）是指白色底色中混有所有公認色的紋路。眼睛顏色則依公認色為準。

Mini Column

飼育的重點
有別於安哥拉兔種柔軟而絲滑的毛質，這種兔子長而美麗的毛十分好打理，無須像安哥拉兔種那般頻繁地梳理。話雖如此，若疏於定期梳理，毛還是可能會打結成毛氈狀，必須格外留意（詳情請參照P41）。此外，為了維持美麗的毛質，富含蛋白質的食物與纖維質豐富的牧草必不可少。

❦ 漸變色系
玳瑁色

❦ 漸變色系
黑貂斑紋色

SELF GROUP

| black | blue | blue eyed white | chocolate | lilac | ruby eyed white |

SHADED GROUP

| sable point | siamese sable | siamese smoke pearl | tortoise shell | blue tortoise shell |

TAN PATTERN GROUP

| black otter | blue otter | chocolate otter | lilac otter |

毛色變化

❯ 野鼠色系
栗色

❯ 廣義色系
橙色

磨砂珍珠色
（未公認）

長毛種兔子毛髮打結成毛氈狀與梳理作業

疏於打理便結成毛氈狀

無論哪一種兔子都必須定期梳理，長毛種則更需要格外留意。一旦疏於全身的梳理，長毛便會糾纏在一起而呈現毛氈狀。

體毛若打結成毛氈狀，不僅不美觀，還會因為空氣的流通變差而引發皮膚病，情況嚴重時，還有可能因為打結成毛氈狀的毛導致兔子身體無法動彈。不妨使用針梳或疏密雙齒梳，多費心思仔細地勤加梳理。

利用吹水機讓體毛更美麗

即便同為長毛種，根據毛質、長度或生長方式，有些不容易糾纏，有些則容易打結。

澤西長毛兔是長毛種中相對較容易打理的。這是因為柔軟的底毛（底層毛）上面覆蓋了一層護毛（外層毛）而較不易纏在一起。此外，體毛如絨毛般的美國費斯垂耳兔也是長毛種，但牠們無須那麼頻繁梳理也無妨。話雖如此，無論是哪一個品種，定期的梳理都必不可少。

最重視梳理的是安哥拉兔種。尤其是英國安哥拉兔，覆蓋臉部與耳朵的毛在每次進食時都容易弄髒，因此必須每週打理2～3次。

名為「吹水機」的小型送風機用於安哥拉兔種等長毛種的梳理十分方便。讓強勁的風吹在體毛上，吹走掉毛或皮屑等，即可解開纏在一起的毛。

使用吹水機時，應該先從尾巴末端往背部方向吹風，吹走皮屑或塵埃，解開纏在一起的毛。接著利用刷子或梳子梳開打結成毛氈狀的毛球或打結的毛。最後再用針梳梳理護毛。此時須留意避免過於熱中而失了分寸地把健康的毛都扯掉。

體毛的最佳狀態稱為「全盛狀態（prime）」。長毛種的魅力當然是那身鬆軟的美麗毛髮。不僅要避免打結成毛氈狀，還應以全盛毛皮（prime coat）為目標，多費心思定期地精心梳理。

長毛種的毛比短毛種更容易打結，必須勤加梳理。

以吹水機來吹走藏於長毛種毛髮間的皮屑或塵埃很方便。

AMERICAN SABLE

美洲黑貂兔

於美國培育出來的兔種。

Sable 意指黑貂。

有著棕褐色的漸層毛色的美麗品種。

魅力焦點

耳朵、臉部、背部、腳與尾巴上部皆為深棕褐色，從背部的深色部位往腹部方向逐漸變成淡褐色，是漸層毛色十分迷人的兔種。

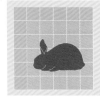

原產國…美國　加利福尼亞州	♂…3.18～4.08kg　理想體重3.63kg
培育者…Otto Brock	♀…3.63～4.54kg　理想體重4.08kg
ARBA註冊年…1931年	・幼年組（未滿6個月）
體型…圓弧型	♂・♀的最低體重皆為1.81kg
評鑑分級／體重………………………	
・成年組（6個月以上）	

頭部 頭型漂亮，耳朵至嘴部十分豐腴。公兔比母兔還要結實。

耳朵 與頭部及體型達到絕佳的平衡。與背部顏色一致。

毛 捲背毛。細軟濃密的底毛（底層毛）中混有稍粗糙的粗護毛（外層毛）。

腳 腿骨長度中等。前腳趾甲顏色淺，後腳趾甲顏色深，但前後腳的趾甲顏色深淺對調也無妨。

【毛色／眼睛顏色】

standard

整體的身體特徵

中型品種。從肩部至後半身有充分的寬度與高度。頂線的流暢圓弧曲線從頸後延伸，於腰部中間附近達到最高點，直到尾巴勾勒出美麗的拱狀曲線。後半身必須流暢圓潤，而非瘦骨嶙峋。此外，理想的狀況是臀部下方與外側皆十分豐腴而圓潤。

歷史············
起源於1924年加利福尼亞州Otto Brock所擁有的純種金吉拉兔。在1900年代初期的英國是眾所周知的品種。但與鼬科的黑貂毫無關係，是於美國培育出來的品種。此品種特有的深棕褐色是承繼自巧克力色的夏溫拿兔。直到1970年代為止是炙手可熱的品種，到了1987年在ARBA展覽上卻減少到僅展出一隻，已經面臨絕種的危機。其後，在俄亥俄州Al Roerdanz氏的努力下，發現了7隻純種的美洲黑貂兔並再次展開育種工作，從而免於絕種。

ENGLISH ANGORA

英國安哥拉兔

最小型的安哥拉兔種。臉部周圍與耳朵末端的毛髮濃密，
是面貌猶如長毛種幼犬的兔種。

▼純色系
黑色

魅力焦點

初次見到此品種的人很有可能脫口說出「這是狗嗎？」或「從
沒見過這樣的兔子」。寬而扁平的臉上覆滿幾乎讓人看不見眼
睛的捲毛，令人聯想到北京犬。此外，是4種安哥拉兔中體型
最小的品種，作為寵物的人氣也不低。還有一個特徵是，牠
為4個品種中唯一臉部有著裝飾毛的安哥拉兔。

原產國…土耳其　安卡拉
培育者…不詳
ARBA註冊年…1944年
體型…袖珍型
評鑑分級／體重……………………………………………
・成年組（6個月以上）

♂…2.27～3.18kg　理想體重2.72kg
♀…2.27～3.40kg　理想體重2.95kg

・幼年組（未滿6個月）
♂…未滿2.49kg　最低體重1.25kg
♀…未滿2.72kg　最低體重1.25kg

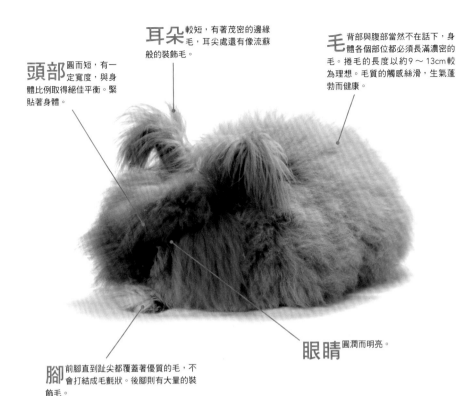

耳朵 較短，有著茂密的邊緣毛，耳尖處還有像流蘇般的裝飾毛。

頭部 圓而短，有一定寬度，與身體比例取得絕佳平衡。緊貼著身體。

毛 背部與腹部當然不在話下，身體各個部位都必須長滿濃密的毛。捲毛的長度以約9～13cm較為理想。毛質的觸感絲滑，生氣蓬勃而健康。

眼睛 圓潤而明亮。

腳 前腳直到趾尖都覆蓋著優質的毛，不會打結成毛氈狀。後腳則有大量的裝飾毛。

整體的身體特徵

身體短而緊實，結實的胸部、豐腴而渾圓的肩部與腰部比例達到絕佳平衡。捲毛的密度可用手觸摸身體多處或往身體吹氣來判斷。毛質不能太軟或如絨毛一般。

歷史⋯⋯⋯⋯⋯⋯⋯⋯⋯⋯⋯⋯⋯⋯⋯⋯⋯⋯
據說這是最古老的兔子類型，關於起源的說法眾說紛紜，不過一般認為18世紀上半葉土耳其的城鎮安哥拉（後來的安卡拉）為其發祥地，亦是品種名的由來。法國船員在安卡拉的港町中發現女性身上披著前所未見的美麗安哥拉兔披肩，為其魅力所吸引，於是將安哥拉兔帶回法國，就此在法國普及開來。據說法國是最早發現安哥拉兔毛皮的商業價值並開始生產毛線的國家。安哥拉兔於1920年代上半葉被進口至美國，英國安哥拉兔與法國安哥拉兔則於1944年成為公認品種。後來又從這2個品種中培育出巨型安哥拉兔與緞毛安哥拉兔。

毛色變化

Mini Column

管理的重點

安哥拉兔種需要高蛋白質食物來維持其美麗的毛髮。此外，為了預防毛球症，應經常餵食牠們高纖維的牧草，並且提供預防毛球症的營養輔助食品為宜。毛髮十分濃密，因此必須留意夏日酷暑與溼氣，飼養在以空調維持在20℃左右的室內較為理想。

有別於其他安哥拉兔種，此品種不僅毛質柔軟，臉部與腳上還有裝飾毛，因此進食或飲水時容易弄髒，須格外留意。

❤ 漸變色系
玳瑁色

【毛色／眼睛顏色】

white type--POINTED WHITE GROUP

| black | blue | chocolate | lilac |

white type--SELF GROUP

blue eyed white   ruby eyed white

colored type--AGOUTI GROUP--CHINCHILLA VARIETIES

chinchilla   chocolate chinchilla   lilac chinchilla   squirrel

colored type--AGOUTI GROUP--AGOUTI VARIETIES

chestnut   chocolate agouti   copper   lynx   opal

colored type--SELF GROUP

black   blue   chocolate   lilac

❦ 純色系
藍色

❦ 漸變色系
巧克力玳瑁色

colored type--SHADED GROUP

| pearl sable | pearl black | pearl blue | pearl chocolate | pearl lilac | sable | seal | smoke pearl |

colored type--SHADED GROUP--TORTISESHELL VARIETIES

blue tortoiseshell chocolate tortoiseshell lilac tortoiseshell tortoiseshell

colored type--TICKED GROUP

blue steel chocolate steel lilac steel steel

colored type--WIDE BAND GROUP

cream fawn red

Mini Column

梳理的方式

梳理毛髮至關重要，必須使用針梳或疏密雙齒梳，悉心且頻繁地打理。國外的飼育者習慣使用一種類似吹風機會吹出強風的機器，名為吹水機（blower），可解開糾纏的毛或吹掉塵埃等。一旦疏於打理，毛就會打結成毛氈狀變得一團糟，因此確保梳理時間成了飼養安哥拉兔種的必要條件。

47

FRENCH ANGORA

法國安哥拉兔

體型第 2 大的安哥拉兔種。
臉蛋清秀，體毛較長。
是予人美麗高貴印象的兔種。

▼ 廣義色系
淡黃褐色

魅力焦點

臉部、耳朵與前腳上沒有像英國安哥拉兔般的裝飾毛，護毛豐厚，毛髮不像外表看起來那麼容易打結，因此比其他安哥拉兔種還要容易打理（管理的重點與梳理的方式請參照 P41 的 Rabbit Column 與 P46 ～ 47 的 Mini Column）。

原產國…土耳其　安卡拉	♂・♀皆為3.4 ～ 4.76kg
培育者…不詳	理想體重3.85kg
ARBA 註冊年…1944年	・幼年組（未滿6個月）
體型…圓弧型	♂・♀皆未滿3.4kg　最低體重1.69kg
評鑑分級／體重⋯⋯⋯⋯⋯⋯⋯⋯	歷史⋯⋯⋯⋯⋯⋯⋯⋯⋯⋯⋯⋯
・成年組（6個月以上）	請參照 P45 英國安哥拉兔的歷史。

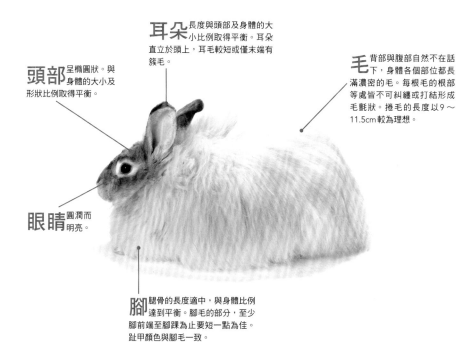

耳朵 長度與頭部及身體的大小比例取得平衡。耳朵直立於頭上,耳毛較短或僅末端有簇毛。

頭部 呈橢圓狀。與身體的大小及形狀比例取得平衡。

毛 背部與腹部自然不在話下,身體各個部位都長滿濃密的毛。每根毛的根部等處皆不可糾纏或打結形成毛氈狀。捲毛的長度以9～11.5cm較為理想。

眼睛 圓潤而明亮。

腳 腿骨的長度適中,與身體比例達到平衡。腳毛的部分,至少腳前端至腳踝為止要短一點為佳。趾甲顏色與腳毛一致。

整體的身體特徵

中型品種。肩寬略窄於腰寬。後半身的形狀圓潤流暢,且豐腴並有一定的高度。若從側面觀察,身體呈美麗的橢圓狀。為了支撐圓弧型的身體,骨骼與腿骨粗且健壯。最大的特徵莫過於體毛。護毛相當豐厚,覆蓋著內層捲毛(underwool)

※。此外,內層捲毛還呈大波浪狀。頭部、臉部、耳朵與前腳上則沒有長毛。太軟或絲滑型的捲毛皆不合格。

※安哥拉兔種特有的毛,貼附於毛根處、最短的捲毛。

【毛色/眼睛顏色】 ●●●

white type--POINTED WHITE GROUP

black blue chocolate lilac

white type--SELF GROUP

blue eyed white ruby eyed white

毛色變化

❤ 碎斑色系
碎斑栗色

Mini Column

關於碎斑色系的毛色
碎斑色系的毛色是以白色為底，混有所有安哥拉兔公認色的斑狀紋路。雙耳、眼睛周圍與鼻子上應長有斑紋，且背部有顏色。背上的紋路有2種類型，分別是覆蓋背部般的毛毯型紋路，以及斑狀的斑點型紋路，無論是哪一種，白色之外的顏色占全身的比例都必須在10％以上、75％以下。眼睛顏色則依各自的毛色為準。

❤ 野鼠色系
蛋白石色

【毛色／眼睛顏色】

colored type--AGOUTI GROUP--CHINCHILLA VARIETIES

chinchilla　chocolate chinchilla　lilac chinchilla　squirrel

colored type--AGOUTI GROUP--AGOUTI VARIETIES

chestnut　chocolate agouti　copper　lynx　opal

colored type--SELF GROUP

black　chocolate　blue　lilac

colored type--BROKEN GROUP

broken

碎斑（broken）是指白色底色中混有所有公認色的紋路。眼睛顏色則依公認色為準。

V 碎斑色系
碎斑藍色

V 碎斑色系
碎斑紫丁香色

colored type--SHADED GROUP

pearl black　pearl blue　pearl sable　pearl chocolate　pearl lilac　sable　seal　smoke pearl

colored type--SHADED GROUP--TORTOISESHELL VARIETIES

blue tortoiseshell　chocolate tortoiseshell　lilac tortoiseshell　tortoiseshell

colored type--TICKED GROUP

blue steel　chocolate steel　lilac steel　steel

colored type--WIDE BAND GROUP

cream　fawn　red

毛色變化

❧ 碎斑色系
碎斑玳瑁色

❧ 漸變色系
黑珍珠色

Mini Column

體毛的管理
法國安哥拉兔比其他3種安哥
拉兔種還要容易梳理。這是因
為此品種的腳、臉部與耳朵上
沒有長毛，且長有比其他品種
更大量的粗糙護毛，所以毛較
不易打結。安哥拉兔種中的英
國安哥拉兔在臉側、額頭與耳
朵上有長毛覆蓋，容易因為進
食等原因而弄髒，必須每週梳
理2～3次。

❧ 漸變色系
玳瑁色

☙ 漸變色系
珍珠紫丁香色

☙ 麻紋色系
藍鋼色

☙ 純色系
紅眼白色

Mini Column

關於安哥拉兔的捲毛
出生5～8個月後即可初次採取安
哥拉兔的捲毛，此後每約4個月可
採取一次。若是法國安哥拉兔，不
應使用剪刀或剃髮剪來修剪，而是
以如拔毛般的捏取方式來收集為
佳。如此所取下的毛會比用剪刀修
剪更具價值。最優質的長捲毛則是
取自背部與側腹，腹部的毛較短而
價值不高。如果只是當寵物養，也
必須將修剪毛髮的部分列入考量。

GIANT ANGORA
巨型安哥拉兔

最大型的安哥拉兔種。
只有白色一種毛色。
是於美國培育出的品種。

紅眼白色

魅力焦點

毛量豐厚為一大特徵。是安哥拉兔種中最大型的品種，
8個月以上成年組中的母兔可重達10磅（約4.53kg）以
上。毛量多，所以看起來比同體重的短毛種還要大隻。
耳朵與臉頰上的裝飾毛讓臉部看起來彷若山羊。

原產國···美國　麻薩諸塞州
培育者···Louise Walsh
ARBA註冊年···1988年
體型···圓弧型
評鑑分級／體重 ·······················
　・成年組（8個月以上）

♂···4.31kg以上　♀···4.53kg以上
・青少年組（6個月～8個月）
♂・♀皆未載於SP中
・幼年組（未滿6個月）
♂・♀最低體重皆為2.15kg

54

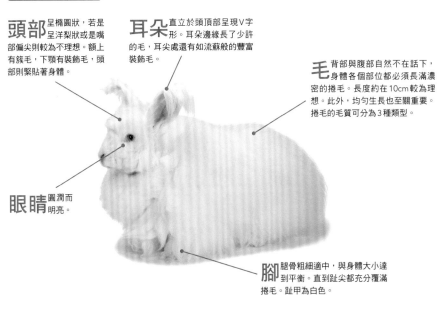

頭部 呈橢圓狀，若是呈洋梨狀或是嘴部偏尖則較為不理想。額上有簇毛，下顎有裝飾毛，頭部則緊貼著身體。

耳朵 直立於頭頂部呈現V字形。耳朵邊緣長了少許的毛，耳尖處還有如流蘇般的豐富裝飾毛。

毛 背部與腹部自然不在話下，身體各個部位都必須長滿濃密的捲毛。長度約在10cm較為理想。此外，均勻生長也至關重要。捲毛的毛質可分為3種類型。

眼睛 圓潤而明亮。

腳 腿骨粗細適中，與身體大小達到平衡。直到趾尖都充分覆滿捲毛。趾甲為白色。

【毛色／眼睛顏色】

ruby eyed white

整體的身體特徵

身體有一定的寬度與高度，後半身往肩部方向稍微變窄。重要的是整體十分豐腴且比例平衡。最大的特徵在於體毛，由以下3種類型所構成。
①內層捲毛（Underwool，量最多且柔軟，略呈波浪狀）
②絨芒毛（The Awn Fluff，比內層捲毛還要長，呈大波浪狀）
③芒毛（The Awn Hair，護毛，直且粗）

歷史
巨型安哥拉兔是由美國麻薩諸塞州湯頓市的Louise Walsh所培育出的品種。她讓德國安哥拉兔與圓弧型的大型品種進行交配，培育出只有白色一種顏色的大型安哥拉兔（另有一說認為是與法國垂耳兔或佛萊明巨兔交配而成）。養在用以飼育圓弧型兔子的一般飼育籠中，並餵食蛋白質含量達16～18%、以紫花苜蓿為基底的固體飼料，即可以取得最大量的優質捲毛，可說是商業價值比較高的安哥拉兔種。目前僅紅眼白色一種顏色獲得公認，近年來也試圖培育黑色的巨型安哥拉兔。

SATIN ANGORA
緞毛安哥拉兔

安哥拉兔種中唯一體毛有著
美麗緞毛光輝的兔種。

▼ 漸變色系
黑珍珠色

魅力焦點

緞毛安哥拉兔的毛髮有著其他品種所沒有的絕佳柔軟度與光
澤，使其格外與眾不同。形成緞毛的基因是一種經過基因突變
的隱性基因。這種隱性基因改變了毛的構造，色素藏於毛幹內
側，使毛變得更細且呈半透明狀。因此，緞毛安哥拉兔的毛髮
也會反射光線而閃閃發亮，看起來就像絹絲。

原產國…加拿大	理想體重3.63kg
培育者…L. Peopoldina Meyer	・幼年組（未滿6個月）
ARBA註冊年…1987年	♂・♀皆不超過2.95kg
體型…圓弧型	最低體重1.47kg
評鑑分級／體重………………………	
・成年組（6個月以上）	
♂・♀皆為2.95～4.31kg	

頭部 呈橢圓狀，若是呈洋梨狀或嘴部偏尖則較不理想。臉部周圍有一些裝飾毛。

耳朵 長度與頭部及身體比例達到平衡，直立於頭上。耳毛較短或僅末端有簇毛。

毛 毛質必須具有一定的密度。全身上下的毛髮生長均勻也至關重要。捲毛的理想長度約為7.6cm。鼻尖至尾巴皆覆有一層玻璃般的光澤。

▼廣義色系
紅色

腳 腿骨粗細適中，與身體大小取得平衡。前腳長了長度至少達踝關節處的緞毛，後腳則有緞毛覆蓋至下方。

尾巴 筆直且與身體毛色一致。

中型且豐腴，有著圓潤滑順的後半身。身體有足夠的寬度與高度。從側面來看，後半身往肩部方向稍微變窄。緞毛安哥拉兔的毛髮比其他安哥拉兔種還要細且濃密，但也因為毛細而看起來毛量不多。毛髮細軟且絲滑，細且如玻璃般透明的毛幹會反射光線，為毛髮帶來深度、美感與光澤。

歷史
緞毛安哥拉兔是擁有緞毛的品種，也是因基因突變而誕生。某位飼主所擁有的紅銅褐色緞毛兔種每次生產都會產下好幾隻毛髮較長的兔子。L. Peopoldina Meyer看中了其中的母兔，便央求其割愛。她希望兔子能長出更長的毛，便讓該兔子與淡黃褐色的法國安哥拉兔進行雜交育種。結果成功孕育出長毛的兔子。她又從其中選出紅銅褐色搭配淡黃褐色來進行育種作業，繁殖出毛色帶點深紅色（杏色漸層）的緞毛安哥拉兔。她在安哥拉兔種的毛髮上賦予了緞面的美麗光澤，成功培育出全新的品種，進一步提升了安哥拉兔種的價值。緞毛安哥拉兔就此在1987年成為ARBA的公認品種。

毛色變化

❥ 漸變色系
玳瑁色

【 毛色／眼睛顏色 】

white classification--POINTED WHITE GROUP

black　　blue　　chocolate　　lilac

white type--SELF GROUP

blue eyed white　ruby eyed white

colored classification--AGOUTI GROUP--CHINCHILLA VARIETIES

chinchilla　chocolate chinchilla　lilac chinchilla　squirrel

colored type--BROKEN

broken

colored classification--AGOUTI GROUP--AGOUTI VARIETIES

chestnut　chocolate agouti　copper　lynx　opal

colored classification--SELF GROUP

black　　blue　　chocolate　　lilac

colored classification--SHADED GROUP

pearl sable　pearl black　pearl blue　pearl chocolate　pearl lilac　sable　seal　smokepearl

colored classification--SHADED GROUP--TORTOISESHELL VARIETIES

blue tortoiseshell　chocolate tortoiseshell　lilac tortoiseshell　tortoiseshell

colored classification--SHADED GROUP--TICKED

blue steel　chocolate steel　lilac steel　steel

colored type--WIDE BAND GROUP

cream　fawn　red

關於兔子的毛質類型

ARBA的公認品種有多種分類方式。有如P18～19般依體型來分類的方式，亦可依大小、毛色或毛質類型等等來分類。毛質類型又可以區分為普通（normal）、雷克斯（rex）、緞毛（satin）與捲毛（wool）4種類型。

普通毛質是指一般的兔毛。有捲背毛與飛背毛2種類型。捲背毛是逆著毛流從臀部往頭部方向撫摸時，毛會緩緩恢復原位的類型；另一方面，飛背毛則是毛會立即回歸原位的類型。捲背毛包括荷蘭垂耳兔、佛萊明巨兔與荷蘭侏儒兔等，飛背毛則含括了道奇兔與英國垂耳兔等。

雷克斯毛質是指迷你雷克斯兔以及雷克斯兔的毛髮，有著天鵝絨般的獨特觸感。

緞毛是有著玻璃般光澤的毛。唯有緞毛兔、迷你緞毛兔與緞毛安哥拉兔擁有這種毛。

捲毛則如其英文名所示，是指類似羊毛的捲兔毛。包括所有安哥拉兔種、美國費斯垂耳兔與澤西長毛兔等的毛。

2種類型的普通毛質

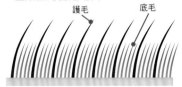

護毛　　　　底毛

捲背毛
逆著毛流從臀部往頭部方向撫摸時，毛會緩緩恢復原位。

飛背毛
逆著毛流從臀部往頭部方向撫摸時，毛會立即回歸原位。

雷克斯毛的例子
迷你雷克斯兔

緞毛的例子
緞毛兔

捲毛的例子
美國費斯垂耳兔

BELGIAN HARE
比利時野兔

其外貌就像住在草原的野兔。
細長的腳配上大幅度拱狀的背部，
線條優美而精悍。

棕紅色

【毛色／眼睛顏色】

rufus

black tan

blue tan

chocolate tan

lilac tan

魅力焦點

據說是相當聰明且別具魅力的兔種，但是動作敏捷且個性謹慎，經常因為突然的聲響或移動的物體而陷入恐慌，而在飼育籠裡橫衝直撞導致骨折。其奔跑的速度之快，甚至被形容為「Poor man's racehorse（窮人的賽馬）」。必須從幼兔時期展開搬運訓練（抱抱），還不習慣與兔子相處的人或孩童不建議飼養此品種。

原產國…比利時　法蘭德斯地區	理想體重3.63kg
培育者…Mr.W.Lumb、Dr.Barham、Dr.J Salter	・幼年組（未滿6個月）
ARBA註冊年…1972年	♂・♀最低體重皆為1.36kg
體型…全拱型	
評鑑分級／體重	歷史
・成年組（6個月以上）	其祖先可以追溯至名為「Leporine」的兔
♂・♀皆為2.72～4.31kg	子，是18世紀左右在比利時以歐洲的野兔

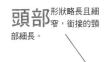

耳朵 薄且窄。筆直地立於頭上，與身體及頭部達到平衡。如湯匙般的圓形耳朵會被視為一種缺陷。

頭部 形狀略長且細窄，銜接的頸部細長。

毛 飛背毛。有光澤且緊密貼著皮膚生長。毛質雖好但觸感較硬。雜毛烏黑有光澤，均勻分布於背部至臀部。

眼睛 大而圓潤。令人感受到一股野生的張力。

腳 前腳長且筆直，呈細長狀。後腳也又長又細，但足以支撐身體。

尾巴 長且筆直，位於脊柱線上。

整體的身體特徵

身體細長，背部從肩部前方往尾巴方向延伸，勾勒出美麗的拱狀曲線。腰部至後半身的線條必須足夠圓潤。稜角分明或截斷般的線條在兔子展上會被視為一種缺陷。此外，肌肉發達而緊實的胸部與剃光般的腹部亦為其特徵。毛色是以有光澤的高雅深紅色為基底，摻雜著深淺不一的黃褐色或紅褐色而十分美觀，下顎下方與腹部則是帶點紅色的奶油色。公認色新增了4種淺棕色。

與家兔進行選擇性交配所出。這種兔子在1870年由W.Lumb及其妹夫從比利時與德國進口至英國。之後又經過反覆品種改良，使其外型酷似英國固有且毛色更紅的野兔。因其發源地為比利時（Belgian）且為野生兔（Hare），故稱這種兔子為比利時野兔（Belgian Hare）。1882年首度於比利時的家畜展上展出，還制定了審查標準。E.M.Hughes於1888年首度將比利時野兔進口至美國。比利時野兔在美國異常地備受喜愛，陸續進口並掀起一股「比利時野兔熱潮」。令人震驚的是，有紀錄顯示相對於當時勞工的時薪為10～15美分，比利時野兔的交易價格為500～1000美元。後來熱潮退去，比利時野兔的價格暴跌，即便是展示用的優秀兔子，價格也跌至25美元以下，到了1940年成為幾乎瀕臨絕種的稀有品種。

BEVEREN
比華倫兔

歷史非常悠久的品種，
如今個體數少，
為稀有的兔種之一。

白色

魅力焦點

是為了毛皮用而培育出來的兔種，因此毛的密度高且富
有光澤，是相當美麗的品種。

如今為稀有的兔種，已被美國致力於保護瀕臨絕種家
畜、家禽的協會American Livestock Breeds Conservancy
（ALBC）列入管制名單。

原產國…比利時
培育者…不詳
ARBA註冊年…1925年
體型…半拱型
評鑑分級／體重……………………………
・成年組（8個月以上）
　♂…3.06～4.99kg　理想體重4.54kg

♀…4.08～5.44kg　理想體重4.99kg
・青少年組（6個月～8個月）
　♂…未滿4.31kg　♀…未滿4.76kg
・幼年組（未滿6個月）
　♂…未滿3.63kg　最低體重1.81kg
　♀…未滿4.08kg　最低體重1.81kg
・嬰兒組（未滿3個月）

頭部 臉部以及下顎十分豐腴，整體蓬鬆。嘴部稍寬，雙眼間至鼻子勾勒出明顯的圓弧曲線。頭部大小與身體比例取得平衡，公兔較為結實。

耳朵 毛量充足，從正面看是立於頭上呈V字形。出生6個月以後，耳朵長度至少需約有13cm較為理想。

毛 捲背毛。毛髮濃密，顏色深且有光澤。護毛多且細。密度與觸感至關重要，理想的長度約為3.2～3.8cm。

藍色

腳 前腳筆直且粗，腿骨長度適中。後腳也又粗又直、強而有力且毛量十足。若為白色毛，趾甲為白色或透明；若為黑色或藍色毛，則有著深色趾甲。

黑色

【毛色／眼睛顏色】

 black

 blue

white

整體的身體特徵

身體形狀為如曼陀鈴倒扣般的半拱型。背部寬闊，豐腴且腰部有一定的高度。圓潤的臀部往肩部方向逐漸變窄。頂線始於肩部後方，呈流暢的圓弧狀，至背部中央部位為最高處，直到臀部勾勒出完美的拱狀曲線。

♂・♀皆未滿2.49kg

歷史 ··
1800年代於比利時的比華倫培育出來的。原本的毛色為藍色，是取Brabanconne、St. Nicolas Blue與Blue Vienna等具有藍色毛色的兔子交配而成。1905年由A. M. Martin進口至英國，並於1918年成立了俱樂部。

就此成為最受歡迎的毛皮用品種，甚至在第二次世界大戰期間白金漢宮中也曾飼養這種藍色兔子。美國僅公認了黑色、藍色與藍眼白色，英國則另有紫丁香色、褐色與白斑點。目前美國的飼育數量不多，主要從英國進口。

BLANC DE HOTOT

海棠兔

有如日本所熟悉的
侏儒海棠兔（P92）之放大版，
是有眼線的中型兔種。

魅力焦點

與侏儒海棠兔一樣，體毛有著被稱作冰霜白的純白光澤，有
張僅在眼睛周圍像是畫上黑色眼線的五官。隱約散發一股異
國的氛圍，類似埃及豔后或外國人對日本人的印象。名稱中
的 Blanc 在法語裡為「白色」之意。至於 Hotot 的由來，據說
是取自其原產地法國北部諾曼第地區一個叫作 Hotot en ouge
的地名。

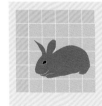

原產國···法國　諾曼第地區
培育者···Eugenie Bernhardt
ARBA 註冊年···1979 年　　體型···圓弧型
評鑑分級／體重
‧成年組（8個月以上）
　♂···3.63 ～ 4.54kg　理想體重 4.08kg
　♀···4.08 ～ 4.99kg　理想體重 4.54kg

‧青少年組（6個月～ 8個月）
　♂···未滿 4.08kg　♀···未滿 4.54kg
‧幼年組（未滿6個月）
　♂···未滿 3.63kg　最低體重 1.81kg
　♀···未滿 4.08kg　最低體重 1.59kg
‧嬰兒組（未滿3個月）
　♂‧♀ 皆未滿 2.27kg

耳朵 毛量充足，立於頭上呈V字形。從耳朵根部逐漸變粗，再往耳尖處略微變細。

毛 捲背毛。非常濃密且具有光澤，相對來說觸感偏柔軟。豐厚的護毛帶有白色光澤。長度約3.2cm較為理想。

頭部 結實，公兔則略寬。母兔比公兔修長而予人俐落的印象。

眼睛 雙眼周圍有1.5～3mm的深黑色眼帶紋，細窄且有光澤。眼瞼與睫毛為黑色。

【毛色／眼睛顏色】

整體的身體特徵

較為理想的情況是身體圓潤感十足、有一定的厚度且整體肌肉發達。身體長度適中，頸部較短，肩部與腳較為結實且豐腴，胸膛寬闊且胸部十分健壯。背部的隆起從頸部延伸至後半身，呈渾圓狀。若從上方觀察身體，後半身往肩部方向逐漸變窄。母兔的肉垂只要大小適中就不成問題。

歷史 ⋯⋯⋯⋯⋯⋯⋯⋯⋯⋯⋯⋯⋯⋯⋯⋯⋯⋯⋯⋯

1912年左右，法國有位名為Eugenie Bernhardt的人為了兔子展、優質的毛皮及食用肉之用，培育出一種又白又大、僅眼睛周圍為黑色的兔種。她一開始是以巨型格紋兔（法國名稱為Giant Papillon Francais）與白色的佛萊明巨兔、白色維也納兔（White Vienna）進行配種，但結果差強人意，便只用巨型格紋兔反覆加以改良。於1978年首度進口至美國，最初是以侏儒兔（Hotot）之名取得公認，直到1981年才改名為現在的海棠兔（Blanc de Hotot）。

BRITANNIA PETITE

布列塔尼亞小兔

體型纖細嬌小，
有著優美的全拱狀體型，
站姿十分迷人。

紅眼白色

魅力焦點

若用狗來比喻，其形象就好比義大利靈猩猩般高貴而細膩。此外，也是不怕生且與人相處融洽的活潑兔種。也有神經質且自我主張強烈的一面。曾一時面臨絕種的危機，但在多名熱情育種家的努力下而免於絕種。此外，昔日的布列塔尼亞小兔是體型遠比現在還要龐大的品種，但經過反覆改良後，演變成理想體重為1.1kg左右、ARBA最小型的品種之一。

原產國…英國	評鑑分級／體重
培育者…不詳	・成年組（6個月以上）
ARBA註冊年…1977年　僅紅眼白色獲得協會的公認。	♂・♀最高體重皆為1.13kg
體型…全拱型	・幼年組（未滿6個月）
	♂・♀最低體重皆為0.57kg

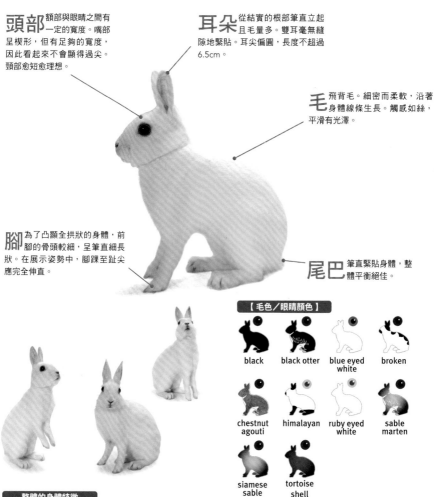

各部位審查標準的說明

頭部 額部與眼睛之間有一定的寬度。嘴部呈楔形，但有足夠的寬度，因此看起來不會顯得過尖。頭部愈短愈理想。

耳朵 從結實的根部筆直立起且毛量多。雙耳毫無縫隙地緊貼。耳尖偏圓，長度不超過6.5cm。

毛 飛背毛。細密而柔軟，沿著身體線條生長。觸感如絲，平滑有光澤。

腳 為了凸顯全拱狀的身體，前腳的骨頭較細，呈筆直細長狀。在展示姿勢中，腳踝至趾尖應完全伸直。

尾巴 筆直緊貼身體，整體平衡絕佳。

【毛色／眼睛顏色】

black　black otter　blue eyed white　broken

chestnut agouti　himalayan　ruby eyed white　sable marten

siamese sable　tortoise shell

整體的身體特徵

骨頭較細，體態健康而纖細，伸直的手腳與身體比例達到平衡。頂線從頸後往尾巴根部勾勒出流暢的連續拱狀曲線。從側面觀察此品種的展示姿勢，從耳尖、頭部、胸部至前腳趾尖，呈一直線。腹部充分剃毛且腹下有個稱作daylight的大縫隙為佳。後半身比肩部稍寬且圓潤感十足。

歷史
19世紀中葉於英國（Great Britain）培育出來的，並以波蘭兔（Polish）之名為人所知。於1912年首度進口至美國，成為ARBA的公認品種，但是ARBA中已經有名為波蘭兔的另一個公認品種，故而取名為布列塔尼亞小兔。在英國有很長一段期間展覽上只展出紅眼白色一種顏色，ARBA也於1977年將原始的紅眼白色列為公認色。其後又分別於1992年認證黑獺色、1995年公認了黑色與灰栗色以及黑貂色。後來又陸續新增了碎斑色、藍眼白色、暹羅黑貂色、玳瑁色與喜馬拉雅色等公認色。

67

毛色變化

黑色

黑獺色

Mini Column

照護方式

身體嬌小且手腳骨頭很細，因此從高處跳下或在飼育籠中因陷入恐慌狀態而到處亂跑時，可能會發生骨折等狀況。而個性方面，此兔種體型雖小卻好勝，有較具攻擊性的一面。若將公兔養在一起，自然可節制生育；若是已有孩子的母兔，則有可能激烈互咬而造成嚴重傷害，因此須格外留意。

灰栗色

黑貂色

Mini Column

兔子展上的展示姿勢
此品種必須擺對姿勢才能獲得
適當的評分，因此擺姿勢的練
習必不可少。以下即為其中一
種練習。首先，讓兔子站在桌
上，與自己面對面，將慣用手
放在牠的背部，僅大拇指置於
其下顎下方。用這隻手溫柔地
協助其站立，使其趾尖貼地，
直到前腳完全伸直為止。另一
隻手則放在牠的臀部以及後半
身，避免其往後倒。

CALIFORNIAN
加州兔

於美國培育出的品種。
雪白的身體配上黑色的鼻子、耳朵、腳與尾巴，
有著如喜馬拉雅兔般的斑紋與粉紅色眼睛，
是令人印象深刻的中型兔種。

魅力焦點

有著與暹羅貓極度相似的外表，個性較為友善且極為沉
穩。體型龐大，因此在美國並非普遍當作兒童寵物來飼
養，而是與紐西蘭兔種一樣作為食用肉或毛皮之用，至
今仍大受歡迎，且已從美國廣傳至世界各地。

原產國…美國　加利福尼亞州
培育者…George West
ARBA註冊年…1939年　　體型…圓弧型
評鑑分級／體重
・成年組（8個月以上）
　♂…3.63～4.54kg　理想體重4.08kg

♀…3.86～4.76kg　理想體重4.31kg
・青少年組（未滿8個月）
　♂…未滿4.08kg　　♀…未滿4.31kg
・幼年組（未滿6個月）
　♂…未滿3.63kg　最低體重2.49kg
　♀…未滿3.86kg　最低體重2.49kg

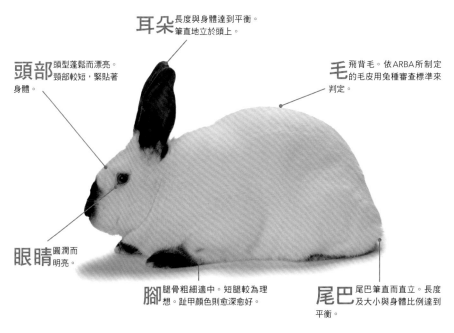

耳朵 長度與身體達到平衡。
筆直地立於頭上。

頭部 頭型蓬鬆而漂亮。
頸部較短，緊貼著
身體。

毛 飛背毛。依ARBA所制定
的毛皮用兔種審查標準來
判定。

眼睛 圓潤而
明亮。

腳 腿骨粗細適中。短腿較為理
想。趾甲顏色則愈深愈好。

尾巴 尾巴筆直而直立。長度
及大小與身體比例達到
平衡。

【 毛色／眼睛顏色 】

整體的身體特徵

身體長度中等，高度與寬度幾乎與等長。後半身有一定的高度，肩部十分發達。肩部低於臀部且稍微變窄。特徵在於全身渾圓、緊實且豐腴。鼻子、耳朵、腳與尾巴上有黑色斑紋，全身為純白色。除了黑色外，英國的俱樂部還認可藍色、巧克力色與紫丁香色。

• 嬰兒組（未滿3個月）
  ♂•♀皆未滿2.49kg

歷史

加利福尼亞州的George West為了培育出色的兔子以作食用肉或毛皮之用，於1923年展開作業。他讓喜馬拉雅兔與標準金吉拉兔進行交配，培育出6磅（約2.7kg）重的金吉拉色公兔，又進一步與紐西蘭兔母兔進行交配。如今所見的加州兔便於1939年誕生。從2021年展開新品種的培育，志在培育出體型只有加州兔的一半且體重為2.5～2.7kg的迷你加州兔。

CHAMPAGNE D'ARGENT
香檳兔

擁有其他品種所沒有的特殊色調。
從遠處觀看，有著如銀色般的
美麗毛色。

魅力焦點

此品種的魅力在於美麗的銀色兔毛，是偏藍的白色中均勻
混有烏黑的毛。出生不久的幼兔毛色烏黑，頭上從第4週
開始長出銀色的毛。5～6個月後銀色兔毛便會覆蓋全身，
形成閃閃發光的煙燻銀毛色。

原產國…法國　　　培育者…不詳	・青少年組（6個月～8個月）
ARBA註冊年…不詳　　體型…圓弧型	♂…未滿4.54kg　♀…未滿4.76kg
評鑑分級／體重……………………………………	・幼年組（未滿6個月）
・成年組（8個月以上）	♂・♀皆未滿4.08kg　最低體重2.04kg
♂…4.08～4.99kg　理想體重4.54kg	・嬰兒組（未滿3個月）
♀…4.31～5.44kg　理想體重4.76kg	♂・♀皆未滿2.72kg

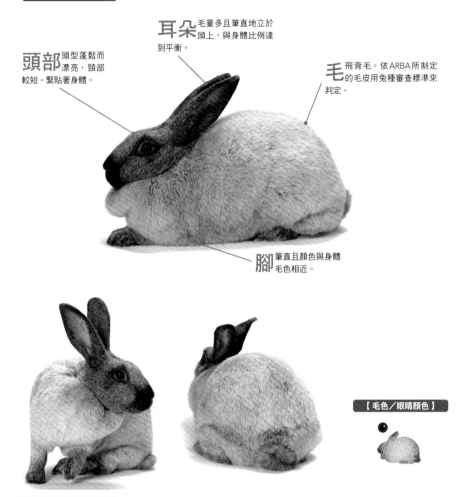

耳朵 毛量多且筆直地立於頭上，與身體比例達到平衡。

頭部 頭型蓬鬆而漂亮，頸部較短。緊貼著身體。

毛 飛背毛。依ARBA所制定的毛皮用兔種審查標準來判定。

腳 筆直且顏色與身體毛色相近。

【毛色／眼睛顏色】

整體的身體特徵

身體長度適中。肩部與後半身十分發達，整體有一定的高度。肩寬略窄於臀寬。身體毛色有光澤，是帶點藍的白色。炭黑（烏黑）色長毛恰到好處地均勻遍布全身，從遠處觀看，看起來略帶銀色。特色在於鼻子以及嘴部的顏色略深於身體毛色，其形狀看起來就像是蝴蝶。底色為深板岩藍。

歷史 ·······························
一般認為此品種的祖先法國銀兔（French Silver）是在法國的香檳地區進行繁殖，且有紀錄顯示，17世紀左右有本篤會的修士將其飼養於香檳修道院的圍牆內。此外，據說此品種與英國的英國銀灰兔（English Silver Gray）也有關聯。於1919年左右從法國進口大量法國銀兔至英國後，將其命名為Argent Champagne。美國則是於1920年代中葉進口此兔，並於1928年獲得ARBA的前身the American Rabbit and Cavy Breeders Association（AR&CBA）的公認。ARBA 於1955年出版《Standard Of Perfection》後，改成現在的名稱：香檳兔。

CHECKERED GIANT
巨型格紋兔

為全拱狀體型中最大的品種，
有著美麗的斑紋。
跑步的姿勢亦為審查項目。

藍色

魅力焦點

親眼看到這種兔子時的第一印象便是巨大。身體
修長，勾勒出流暢的拱狀曲線，凸顯出身體的高
度。據說個性較具攻擊性，可成為類似看門狗的
「看門兔」。

原產國⋯德國	♀⋯最低體重5.44kg
培育者⋯Otto Reinhardt	・青少年組（6個月～8個月）
ARBA註冊年⋯1919年	♂・♀最低體重皆為4.08kg（無上限）
體型⋯全拱型	・幼年組（未滿6個月）
評鑑分級／體重⋯⋯⋯⋯⋯⋯⋯⋯	♂・♀皆為2.72kg以上
・成年組（8個月以上）	・嬰兒組（未滿3個月）
♂⋯最低體重4.99kg（無上限）	♂・♀皆為1.81kg以上3.18kg以下

耳朵 與身體及頭部大小達到平衡。雙耳緊貼且呈直立狀。

頭部 與身體大小達到平衡。公兔會比母兔還要寬。

毛 飛背毛。短而濃密有光澤。不太會換毛亦為兔子展上的一大重點。

黑色

腳 腿骨粗細中等，腳筆直且長。後腳較大，與身體呈平行狀。趾甲為白色。

【毛色／眼睛顏色】

black　　blue

整體的身體特徵

身體修長且勾勒出優美的拱狀曲線。後半身寬度適中，圓潤且豐腴。若從上方觀察，臀部往肩部方向略微變窄，但並非楔形。從側面來看，身體下方有個很大的空間。身體夠長而能優美地展現全拱狀的體型。

此品種的背部線條，以及體側、耳朵、鼻子、臉頰、頭部、腳與眼睛周圍的斑紋，都極其重要。

歷史……………………………………………
此兔種的祖先是在19世紀末的德國，與佛萊明巨兔或法國垂耳兔等有斑點紋路的兔子交配所培育出的品種。昔日稱為德國斑點巨兔或羅倫斯巨兔。最初有不少毛色，但尚未出現具備如今為特徵之一的蝴蝶（法語為papillon）斑紋的兔種。德國的Otto Reinhardt氏於1904年以這種兔子與黑色的佛萊明巨兔進行交

配，培育出如今的巨型格紋兔。1910年首度進口至美國，成為熱門的品種。此品種在英國稱作巨型蝴蝶兔（Great Papillon），美國的巨型格紋兔則是經過獨家的品種改良，因此與英國的品種略有不同，更凸顯出修長身體的拱狀曲線，有著如比利時野兔（P60）般的體型。

AMERICAN CHINCHILLA
美國金吉拉兔

在美國以從英國進口的標準金吉拉兔
改良而成的大型化品種。

魅力焦點

毛色與齧齒目的南美栗鼠相似而美麗，朝著毛吹氣可看
到4色的環狀紋路。這種紋路稱作環領紋（ring collar），
重點是4色看起來要涇渭分明。體型大而強壯，個性溫
順。母性本能強烈，會產下大量幼兔且成長速度快，因
此作為毛皮或食用肉之用也很受歡迎。

原產國…美國
培育者…Lewis H. Salisbuly
ARBA註冊年…1924年　　體型…圓弧型
評鑑分級／體重
・成年組（8個月以上）
　♂…4.08～4.99kg　♀…4.54～5.44kg
・青少年組（6個月～8個月）

♂…未滿4.54kg　♀…未滿4.99kg
・幼年組（未滿6個月）
♂・♀皆未滿4.08kg　最低體重2.04kg

歷史
是以法國的M.J.Dybowski所培育出的標
準金吉拉兔為基礎，於美國培育出來的品

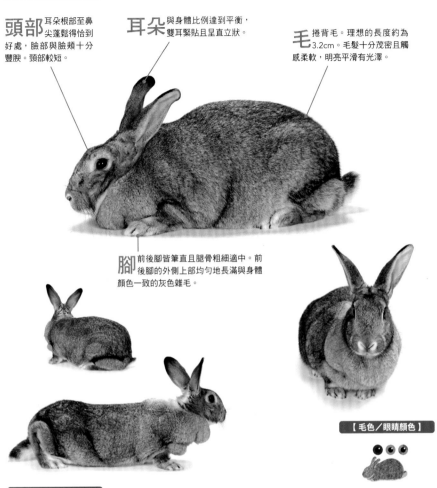

頭部 耳朵根部至鼻尖蓬鬆得恰到好處，臉部與臉頰十分豐腴。頸部較短。

耳朵 與身體比例達到平衡，雙耳緊貼且呈直立狀。

毛 捲背毛。理想的長度約為3.2cm。毛髮十分茂密且觸感柔軟，明亮平滑有光澤。

腳 前後腳皆筆直且腿骨粗細適中。前後腳的外側上部均勻地長滿與身體顏色一致的灰色雜毛。

【毛色／眼睛顏色】

整體的身體特徵

長度適中且有著圓潤感十足的臀部、豐腴的胸部與腰部。肩部相當發達，但與其他部位取得平衡。若從上方觀察，臀部往肩部方向稍微變窄。毛色與齧齒目的南美栗鼠相似，取一根毛來觀察便會發現，底色為深板岩藍，中段為淡珍珠色，末端有一小段黑色，再往上則是亮色與末端為深黑色的毛交織，形成金吉拉兔特有的毛色。

種。標準金吉拉兔體型偏小、體重為3kg左右，因此美國的育種家為了獲取更多的肉與毛皮而試圖加大其身形。經過品種改良後，孕育出大型、豐腴且擁有優良毛皮的兔種，命名為重量級金吉拉（Heavy-weight Chinchilla）。這種重量級金吉拉兔於1924年改名為美國金吉拉兔，成為ARBA的公認種。此外，自1928年起的1年內，向ARBA註冊了1萬7328隻兔子，此紀錄至今尚未被打破。美國金吉拉兔的數量隨著1940年代後半兔子毛皮產業的衰退而持續減少。如今在ARBA的3個金吉拉兔品種中是數量最少的，美國家畜品種保護機構（ALBC）已將其指定為瀕臨絕種品種。由此品種衍生出的美洲黑貂兔與銀貂兔等品種也為人所熟知。

GIANT CHINCHILLA
巨型金吉拉兔

ARBA 公認的 3 個金吉拉兔種中
體型是最大的，重達 7kg 以上。

魅力焦點

體型龐大，以至於常被誤認為是佛萊明巨兔
（P100）。有著大型兔子特有的沉穩性情。多產
且成長速度極快，幼兔出生 2 個月後就會重達
3kg 以上。

原產國…美國　密蘇里州
培育者…Edward H. Stahl
ARBA 註冊年…1928 年　　體型…半拱型
評鑑分級／體重
・成年組（8 個月以上）
　♂…5.44 ～ 6.8kg　理想體重 6.12kg
　♀…5.9 ～ 7.26kg　理想體重 6.57kg

・青少年組（6 個月～ 8 個月）
　♂…未滿 6.35kg　♀…未滿 6.8kg
・幼年組（未滿 6 個月）
　♂・♀ 皆未滿 5.44kg　最低體重 2.72kg
・嬰兒組（未滿 3 個月）
　♂・♀ 皆未滿 3.62kg

耳朵 與身體比例達到平衡。結實且有一定的厚度，直立於頭上。耳朵上部必須有明顯的黑邊。

毛 飛背毛。依 ARBA 所制定的毛皮用兔種審查標準來判定。

頭部 頭型大而漂亮，緊貼著肩部。公兔會比母兔還要寬。

眼睛 圓潤。可以是粉紅色以外的任何顏色，不過以褐色較為理想。

腳 筆直且結實，長度適中，腿骨粗細與體型相符。前後腳的外側上部均勻地長滿與身體一致的灰色雜毛。每片趾甲均為褐色且顏色愈深愈佳。

尾巴 筆直且尾巴上側為黑色，混有灰白色的毛。尾巴的內側為白色。

【毛色／眼睛顏色】

整體的身體特徵

身體長度適中，前後半身都很結實，強而有力且有一定的厚度。結實、豐腴、腰寬且有著粗壯的骨頭。背部從肩部中間處開始呈平緩的拱狀曲線，於腰部中間附近達到最高點，流暢地延伸至圓潤的臀部下方。後半身又大又高，與肩部及身體中間部位皆取得平衡。母兔若有形狀良好且不大的肉垂也是可以接受的。

歷史 ⋯⋯⋯⋯⋯⋯⋯⋯⋯⋯⋯⋯⋯⋯⋯⋯⋯⋯
1921 年由美國密蘇里州的 Edward H. Stahl 培育而成。他認為金吉拉兔種作為毛皮之用體型太小，於是開始培育大型的金吉拉兔。最初是以體型較大且有著完美金吉拉色的純種金吉拉兔與紐西蘭兔等多種大型品種進行交配。後又進一步與白色佛萊明巨兔、藍色的美洲兔交配，改良其大小與顏色。他所構思的理想巨型金吉拉兔母兔於 1921 年 12 月誕生。此外，他還販售繁殖用的兔種而賺了 100 萬美元，因而被稱為美國國產兔產業之父。但如今已成為飼養數較少的品種之一。

STANDARD CHINCHILLA
標準金吉拉兔

為美國金吉拉兔與
巨型金吉拉兔之根源的品種。

魅力焦點

好奇心旺盛且性情順從而活潑。因具有如此個
性、3kg左右的袖珍體型，加上十分漂亮的灰金吉
拉色，在美國作為寵物備受人們喜愛。

原產國…法國
培育者…M. J. Dybowski
ARBA註冊年…1924年　　體型…袖珍型
評鑑分級／體重
　• 成年組（6個月以上）
　　♂…2.27～3.18kg　♀…2.49～3.4kg

• 幼年組（未滿6個月）
　♂…未滿2.49kg　最低體重1.25kg
　♀…未滿2.72kg　最低體重1.25kg

歷史
在ARBA的3個金吉拉兔品種中，是最早培

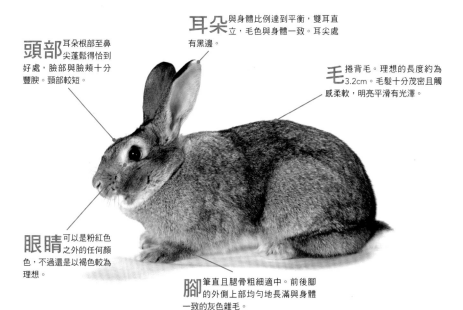

耳朵 與身體比例達到平衡，雙耳直立，毛色與身體一致。耳尖處有黑邊。

頭部 耳朵根部至鼻尖蓬鬆得恰到好處，臉部與臉頰十分豐腴。頸部較短。

毛 捲背毛。理想的長度約為3.2cm。毛髮十分茂密且觸感柔軟，明亮平滑有光澤。

眼睛 可以是粉紅色之外的任何顏色，不過還是以褐色較為理想。

腳 筆直且腿骨粗細適中。前後腳的外側上部均勻地長滿與身體一致的灰色雜毛。

【毛色／眼睛顏色】

整體的身體特徵

體型緊實，肩部與後半身十分發達。身高幾乎與體寬等長，後半身、胸部與腰部皆包括在此範圍內。頂線始於耳朵根部，呈平緩的圓弧曲線，於腰部中間高起，流暢地延伸至尾巴根部。頸部比較短，若從上方觀察身體，腰部往肩部方向略微變窄。

育出來的。由法國的M. J. Dybowski讓喜馬拉雅兔、比華倫兔與野鼠色的野兔進行交配所孕育出的兔種。於1913年首度在兔子展上亮相，隔年又在巴黎舉辦的國際兔展上展出，成為熱門的品種。這個全新品種的毛皮與囓齒目的南美栗鼠（如今作為寵物而聞名）極其相似，後者以頂級毛皮著稱，因此以理想的毛皮用兔種之姿建立壓倒性的地位。於1917年進口至英國，1919年從英國進口至美國。到了1920年代，還在美國掀起了一股熱潮，向ARBA註冊的兔子多不勝數。其後又於美國以標準金吉拉兔培育出美國金吉拉兔與巨型金吉拉兔。但如今毛皮的需求下降，飼養的數量也隨之減少。

CINNAMON
肉桂兔

由肉桂色與煙燻灰色的兔毛
形成之漸層十分美麗，
是作為食用肉或參展用培育出的中型兔種。

魅力焦點

如其名所示，是肉桂色體毛十分迷人的兔種。性
情溫和且友善，也比較能與其他兔種相處融洽，
因此儘管體型稍大，仍很適合當作寵物。體毛較
短而不太需要梳理，照顧起來也很輕鬆。目前美
國僅有數百人飼養，已成為稀有品種。

原產國…美國 蒙大拿州	**・青少年組**（6個月～8個月）
培育者…Ellis Houseman	♂・♀皆未滿4.54kg
ARBA註冊年…1972年	**・幼年組**（未滿6個月）
體型…圓弧型	♂・♀皆未滿3.86kg
評鑑分級／體重……………………	**・嬰兒組**（未滿3個月）
・成年組（8個月以上）	♂・♀皆未滿2.49kg
♂…3.86～4.76kg 理想體重4.31kg	
♀…4.08～4.99kg 理想體重4.54kg	

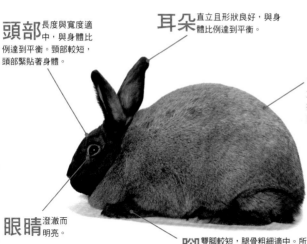

頭部 長度與寬度適中，與身體比例達到平衡。頸部較短，頭部緊貼著身體。

耳朵 直立且形狀良好，與身體比例達到平衡。

毛 飛背毛。毛色為紅褐色或肉桂色，背部均勻地長滿煙燻灰色的雜毛。從體側的中間部位開始混雜著煙燻灰色，顏色往腹部方向逐漸變深。底色則為橙色。

眼睛 澄澈而明亮。

腳 雙腳較短，腿骨粗細適中。所有趾甲都有顏色。

【毛色／眼睛顏色】

整體的身體特徵

身體長度適中，肩部與後半身十分發達。後半身流暢圓潤、扎實且十分豐腴，僅比肩部稍高且稍寬。毛色為紅褐色或肉桂色，背部均勻地摻雜著煙燻灰色的雜毛。體側的中間部位混有煙燻灰色的毛，顏色往腹部方向逐漸變深。後腳內側有2個稱作圈點（lap spot）的紅褐色紋路。

歷史
肉桂兔是在一系列的偶然下衍生出的品種。Belle與Fred Houseman兩人的孩子於1962年的復活節得到了金吉拉母兔，並以該母兔與紐西蘭兔公兔進行交配，生下了幼兔。他們的父親Ellis原本打算將誕下的所有幼兔當作肉品賣出，但Belle央求父親留下1隻公兔作為寵物。這隻公兔又分別與巨型格紋兔母兔、雜種加州兔母兔進行交配，結果兩隻兔子都生下毛為漸變紅褐色（P21）的兔寶寶。其後又再次與巨型格紋兔交配，生下同色的公兔與母兔各1隻，讓牠們交配後有70％的機率會誕下漸變紅褐色後代。他們將這種毛色的兔子取名為肉桂兔。其父親Ellis注意到這種顏色特別具有光澤的毛，展示給ARBA的評審看，得到的回應是「美國沒有這樣的品種，很有可能是全新品種」。因而於1972年註冊為ARBA的新品種。

CREME D'ARGENT
奶油兔

原產自法國的品種。
有一身布滿霜紋的
迷人奶油色毛色。

魅力焦點

此兔種的毛色相當特殊，全身帶有乳白色的霜紋
而呈現出十分美麗的橙色。這是在其他品種身上
看不到的色調。在美國已被指定為瀕臨絕種物
種，數量不足1000隻。

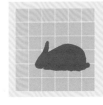

原產國…法國　　培育者…不詳
ARBA註冊年…1938年　　體型…圓弧型
評鑑分級／體重……………………………………
・成年組（8個月以上）
　♂…3.63～4.76kg　理想體重4.08kg
　♀…3.86～4.99kg　理想體重4.54kg

・青少年組（6個月～8個月）
　♂…未滿3.86kg　♀…未滿4.31kg
・幼年組（未滿6個月）
　♂…未滿3.18kg　最低體重1.59kg
　♀…未滿3.63kg　最低體重1.59kg
・嬰兒組（未滿3個月）

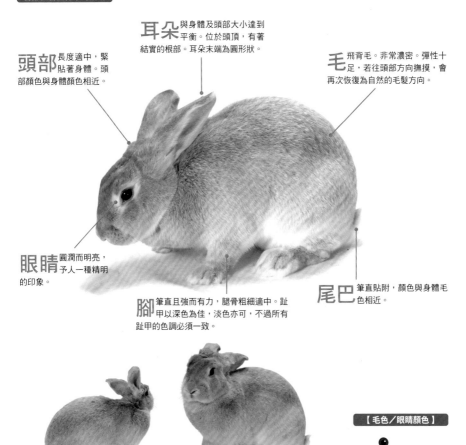

頭部 長度適中，緊貼著身體。頭部顏色與身體顏色相近。

耳朵 與身體及頭部大小達到平衡。位於頭頂，有著結實的根部。耳朵末端為圓形狀。

毛 飛背毛。非常濃密。彈性十足，若往頭部方向撫摸，會再次恢復為自然的毛髮方向。

眼睛 圓潤而明亮，予人一種精明的印象。

腳 筆直且強而有力，腿骨粗細適中。趾甲以深色為佳，淡色亦可，不過所有趾甲的色調必須一致。

尾巴 筆直貼附，顏色與身體毛色相近。

【毛色／眼睛顏色】

整體的身體特徵

體型中等。肩部與後半身十分發達且有一定的寬度與高度。背部的拱狀曲線始於頸部根部，越過臀部中間部位達到最高點。身體的表面顏色整體為帶點橙色的乳白色，底毛則為明亮的橙色。

除了乳白色的腹部外，全身體毛皆遍布著橙色護毛。鼻子上有如蝴蝶展翅般的蝶狀斑紋，成了此品種的一大特徵。

♂・♀ 皆未滿 2.27kg

歷史

此兔種是1800年代中期以後於法國培育出來的，是相當古老的品種，與香檳兔（P72）一樣都是詳細情況不明。有紀錄顯示曾於1877年在巴黎展出。此品種的美麗毛皮被用於製作流行西服而人氣迅速大漲。美國

在1924年以前曾經進口，之後改良作為食用肉而與歐洲的毛皮類型有所不同。1936年首度在展覽上亮相，並於1938年獲得ARBA公認。據說此品種在美國與英國以外之地已經絕跡，總數量不到1000隻。與美國金吉拉兔（P76）一樣被列入美國家畜品種保護機構（ALBC）的管制名單中。

DUTCH
道奇兔

雙色的斑紋為其一大特徵。
要培育出斑紋完美的兔子並不容易。

藍色

魅力焦點

在眾多改良品種中，道奇兔也是其中斑紋較具特色的兔種。八字形的紋路猶如在臉上穿了褲子般，呈現雙色毛色。在兔子展上相當重視其斑紋，斑紋的分數最高可達48分，約占滿分100分的一半，審查相當嚴格。培育出擁有完美斑紋的道奇兔，為選擇培育此品種之育種家的夢想以及目標。

原產國…英國　　培育者…不詳	理想體重2.04kg
ARBA註冊年…1910年	・幼年組（未滿6個月）
體型…袖珍型	♂・♀最低體重皆為0.79kg
評鑑分級／體重…………………	
・成年組（6個月以上）	歷史…………………………
♂・♀皆為1.59～2.49kg	世界上最古老的品種之一。發源於1850年

耳朵 大小與身體及頭部比例達到平衡。結實且毛量多，雙耳的位置貼近且呈直立狀。

頭部 圓潤而蓬鬆。頸部較短且緊貼著肩部。

毛 飛背毛。濃密且短，頗具光澤。護毛相當堅硬，若往頭部方向逆毛撫摸會感受到一股阻力。

眼睛 清澈明亮且圓潤。

腳 筆直且腿骨粗細適中。長度與大小適中，與緊實的身體比例達到平衡。無論毛色為哪種色系，趾甲都是白色。

左右的荷蘭，最初以荷蘭兔（Hollander Rabbit）之名為人所知。但是直到1894年出現在英國之後才人氣迅速攀升。在培育出現在所見的小型品種之前備受人們的喜愛。此外，此品種至今已躋身全球最受歡迎的前10大兔子品種之列。目前仍在培育紫丁香色與金黃色等新色。

整體的身體特徵

身體短而緊實。頂線始於耳朵根部，勾勒出平緩的圓弧曲線，於腰部中央部位達到最高點，流暢地延伸至尾巴根部。後半身流暢且圓潤感十足，稍高於肩部。此外，臀部下方部位也渾圓不已且有一定的寬度。此品種特有的斑紋會依cheeks（臉頰）、blazes（臉部）、necks（頸後）、hairline（雙耳之間）、saddle（背部）、undercuts（腹部）、stops（後腳跟）等項目來進行審查（詳情請參照P90的Mini Column）。

毛色變化

黑色

巧克力色

Mini Column

道奇斑紋

這種斑紋在日本也以熊貓兔紋而廣為人知,不過在日本看得到的並非純種的道奇兔種,大部分都是以前進口的道奇兔交配後繼承其斑紋的混血種。然而,這種斑紋著實可愛且有親切感,作為插畫、漫畫或布偶等的虛構角色而備受喜愛。

【 毛色／眼睛顏色 】 ....

black

blue

chocolate

gray

steel

tortoise

chinchilla

鋼色

灰色

毛色變化

玳瑁色

理想的斑紋分布方式

在此介紹道奇斑紋的理想分布方式與各種斑紋的名稱。

臉部　blazes
額頭上有道將臉部一分為二
的白線

背部　saddles
背部有道筆直的分界線

臉頰　cheeks
臉部的斑紋沿著臉頰線條而
呈圓形

頸後　Necks
頸後呈白色的楔形狀，將臉
頰分為左右兩側

腹部　Undercuts
腹部有道筆直的分界線

後腳跟　Stops
腳長 1/3 處為白色

兔子由生到老的一生

兔子剛出生時全身無毛，但在出生約6天後胎毛會長齊，出生約2週後眼睛便會睜開。毛色較淡，顯得格外稚嫩可愛。出生1個月半～2個月後離乳，出生6～8週左右結束乳幼兒期。迎接牠們回家的最佳時期便是出生1個月半～2個月後，大部分的情況下，牠們會在結束乳幼兒期時離開母親身邊，並在新家展開生活。

兔子在離乳後會迎來成長期。身體快速長大，毛色則由淡逐漸轉深。出生4～5個月後，體型便已與成兔幾乎無異，亦可開始繁殖。此外，幼兔從出生3個月左右起進入青春期，會開始出現討厭抱抱或梳理、在飼育籠外排糞或排尿來標示氣味、對飼主做出騎乘行為（mounting）等舉動。若一直放任其任性妄為，這類行為有時會變本加厲。雖然沒有必要劈頭大罵，但是最好確實做好基本的管教，比如在牠們做出騎乘行為時將其放回飼育籠中，或是事先訂好放出飼育籠外的時間等。

兔子從1～5歲左右進入成年期。行為也會漸趨於沉穩。與飼主之間的信賴關係應該也會更深入。儘管如此，當牠們持續做出騎乘行為或搖晃飼育籠等問題之舉時，最好向對兔子瞭如指掌的動物醫師或專賣店諮詢。

兔子在5歲之後便進入人類所謂的中老年期。會開始出現動作變遲緩、嗜睡或腰腿無力而上下台階變得吃力等老化現象。外觀也會出現變化，比如毛的光澤變差或毛色變淡等。此外，兔子的平均壽命約為7～8歲，不過也有活超過10歲的長壽兔。最好從平日就做好身體檢查與健康管理，讓牠們過著較沒壓力的生活。

DWARF HOTOT
侏儒海棠兔

如荷蘭侏儒兔（P170）般純白色的小型兔，
僅眼睛周圍有被稱作眼帶紋的
黑色、藍色或巧克力色斑紋，
令人聯想到畫了眼線的埃及豔后，
是既高貴且散發異國氛圍的兔種。

黑色

魅力焦點

全身覆滿具有光澤的純白色毛，僅眼睛周圍有著眼帶紋而形成獨特的氛圍。眼帶紋細而明顯，與眼睛周圍的輪廓粗細一致較為理想。在兔子展上，眼帶紋若呈鋸齒狀或線條不齊是一種缺陷，線條若有中斷則會失去參展資格。好奇心旺盛且個性活潑。不怕生，會主動親近人且易於飼養，可說是相當適合當寵物的品種。

原產國⋯東西德
培育者⋯不詳
ARBA註冊年⋯1983年
體型⋯袖珍型

評鑑分級/體重⋯⋯⋯⋯⋯⋯⋯⋯⋯⋯⋯
・成年組（6個月以上）
♂・♀皆未滿1.36kg　理想體重1.13kg

・幼年組（未滿6個月）
♂・♀最高體重皆為1.13kg　最低體重
0.57kg

歷史⋯⋯⋯⋯⋯⋯⋯⋯⋯⋯⋯⋯⋯⋯⋯⋯
西德與東德的育種家幾乎是在同一時期展開讓截然不同的品種進行交配，培育出同

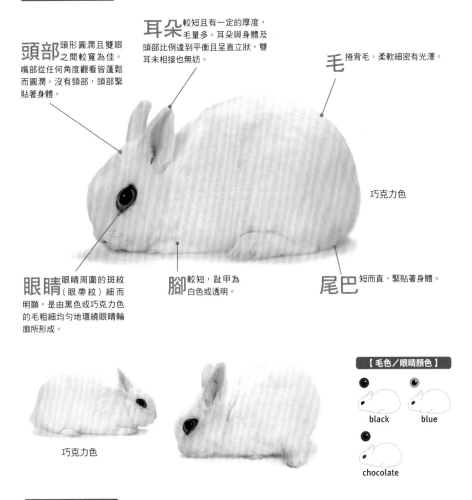

耳朵 較短且有一定的厚度，毛量多。耳朵與身體及頭部比例達到平衡且呈直立狀，雙耳未相接也無妨。

頭部 頭形圓潤且雙眼之間較寬為佳。嘴部從任何角度觀看皆蓬鬆而圓潤。沒有頸部，頭部緊貼著身體。

毛 捲背毛。柔軟細密有光澤。

巧克力色

眼睛（眼帶紋）細而明顯，是由黑色或巧克力色的毛粗細均勻地環繞眼睛輪廓所形成。眼睛周圍的斑紋

腳 較短，趾甲為白色或透明。

尾巴 短而直，緊貼著身體。

巧克力色

【毛色／眼睛顏色】

black

blue

chocolate

整體的身體特徵

身體較短而緊實，圓潤感十足。肩部與腰部幾乎等寬，後半身豐滿圓潤。頂線始於耳朵根部，勾勒出平緩的圓弧曲線，於腰部中央部位達到最高點，流暢地延伸至尾巴根部。眼帶紋為深黑色或巧克力藍色，全身純白有光澤。除了眼帶紋外，不可有任何一根有色毛或小斑紋。

一種類型的兔子，後來又互相交配而誕下侏儒海棠兔。西德的育種家是讓有著海棠斑紋的荷蘭侏儒兔與紅眼白色、黑色的荷蘭侏儒兔進行交配。生下有著道奇斑紋的幼兔後，再與黑色的荷蘭侏儒兔交配，培育出體型極小的侏儒海棠兔；另一方面，東德的育種家則是讓海棠兔公兔與紅眼白色的荷蘭侏儒兔進行交配，第一胎產下了1隻有著海棠斑紋的公兔、2隻有著道奇斑紋與3隻紅眼白色的幼兔。有著海棠斑紋的公兔出生後5個月大時，體重為1.6kg，耳朵長度則為7cm。這隻公兔與最初用以交配的母兔或其他荷蘭侏儒兔交配後，培育出比西德的侏儒海棠兔還要大且多產的侏儒海棠兔。這2個兔種之後跨越國境並結合，形成更理想的體型，於1981年被引進美國。

ENGLISH SPOT

英國斑點兔

有著優美的全拱狀身軀。
是彷彿巨型格紋兔（P74）
縮小版的兔種。

黑色

魅力焦點

全拱狀的細長身軀加上細膩的斑紋，宛如貴族般
迷人。毛色也很豐富，各自散發不同的氛圍。此
品種的斑紋在大小、位置與分布方式都有嚴格的
規定，要培育出理想的類型既困難又費時。倘若

該有的地方沒有斑紋、位置有所偏差、斑紋數量
過多或過少等，在兔子展上獲得的評價將可能是
零分或低分。

原產國⋯英國　　培育者⋯不詳

ARBA註冊年⋯1918年

體型⋯全拱型

評鑑分級／體重⋯⋯⋯⋯⋯⋯⋯⋯⋯⋯⋯⋯⋯⋯

・成年組（6個月以上）

♂・♀皆為2.27～3.63kg

理想體重♂⋯2.72kg　　♀⋯3.18kg

・幼年組（未滿6個月）

♂・♀皆未滿2.72kg　最低體重1.36kg

歷史⋯⋯⋯⋯⋯⋯⋯⋯⋯⋯⋯⋯⋯⋯⋯⋯⋯⋯⋯⋯⋯

這是一種古老的品種，至今尚未釐清是如

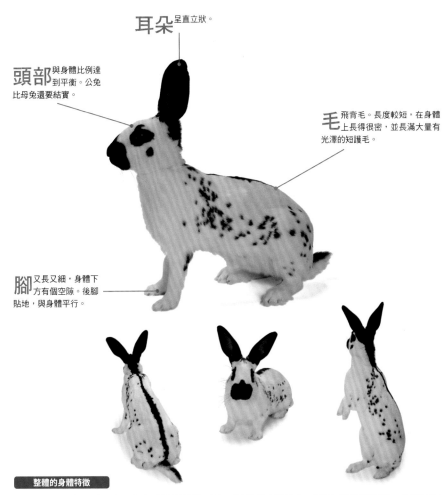

耳朵 呈直立狀。

頭部 與身體比例達到平衡。公兔比母兔還要結實。

毛 飛背毛。長度較短，在身體上長得很密，並長滿大量有光澤的短護毛。

腳 又長又細，身體下方有個空隙。後腳貼地，與身體平行。

整體的身體特徵

雙腳細長，軀幹與地面之間留有足夠的距離。腰部位置較高，略寬於肩部，而圓潤感十足。為了呈現出優美的拱狀，體態修長且與身體比例達到平衡。在兔子展會上會讓牠們在審核台上奔跑來觀察整體的比例。斑紋的審查包括頭部斑紋、蝶狀斑紋（鼻紋）、眼圈（眼睛周圍）、頰斑（臉頰）、耳斑（耳朵）、脊柱斑紋（背部）、側身斑紋（頸部、身體中央與臀部）、側身紋路（側身斑紋的曲線）、漸變（斑點大小）、比例、腿部斑點等。

何培育出來的。英國各地普遍從1880年起展開育種工作，美國的育種家則從英國進口其親代。此外，一般認為其祖先近似巨型格紋兔。換言之，據判是一種古法蘭德斯地區的品種，可能是白色或有著斑點的野生種。因為此品種的其中一種斑紋是被稱作鏈狀斑紋（chain marking）的體側斑點，從前半身延續至耳朵根部。這種鏈狀斑紋對英國斑點兔而言非常重要，但在巨型格紋兔身上卻是沒有的。

臉上的斑紋包括鼻子上如蝴蝶般的蝶狀斑紋、眼圈與頰斑。此外，鼻上的蝶狀斑紋在法語裡稱作Lapin Papillon Angalias，英語則為English Butterfly Rabbit，Papillon指的便是蝴蝶。

毛色變化

巧克力色

金色

【毛色／眼睛顏色】

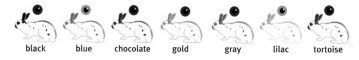

| black | blue | chocolate | gold | gray | lilac | tortoise |

藍色

灰色

毛色變化

紫丁香色

玳瑁色

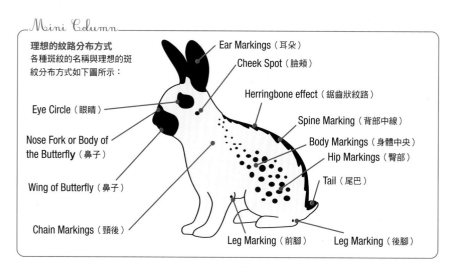

Mini Column

理想的紋路分布方式
各種斑紋的名稱與理想的斑
紋分布方式如下圖所示：

Ear Markings（耳朵）

Cheek Spot（臉頰）

Herringbone effect（鋸齒狀紋路）

Spine Marking（背部中線）

Eye Circle（眼睛）

Body Markings（身體中央）

Hip Markings（臀部）

Nose Fork or Body of
the Butterfly（鼻子）

Tail（尾巴）

Wing of Butterfly（鼻子）

Chain Markings（頸後）

Leg Marking（前腳）

Leg Marking（後腳）

亞洲兔子的實況

　　說到飼養大量美國兔的亞洲國家，首先值得一提的便是日本。不過最近在泰國、新加坡、香港與印尼等地作為寵物飼養的兔子也備受矚目。

　　這些地方的共通點在於皆為炎熱的氣候帶，所以兔子基本上都養在室內。此外，在這些國家進行美國兔的育種作業或當作寵物飼養皆所費不貲。因此，無論是從事兔子買賣還是飼養的人，主要都是高收入族群。

　　香港與台灣也有兔子專賣店。店裡有販售在日本或美國培育出來的兔子，以及日本或美國製造的食品與兔子用品。目前似乎還沒有兔子用品的進口代理商，而是透過批發商直接從海外進口。此外，在台灣的兔子專賣店裡還會擺出在地飼育籠製造商所生產的兔子專用飼育籠。

　　各國還會舉辦兔子展，並從美國邀請ARBA的評審。其特色在於，雖然參加的兔子數量不多，展覽的規格也沒那麼大，但是會吸引富裕階級齊聚，因而有許多贊助商參與其中。

　　這些亞洲國家今後的經濟發展比日本更值得期待。在高收入族群的帶動之下，往後兔子在亞洲區應該會愈來愈受歡迎。

2014年6月由泰國兔子愛好者協會（Thai Rabbit Fancier）於泰國曼谷所舉辦的兔子展實況。

從ARBA邀請的評審Josh Humphreys，正在泰國的兔子展上進行審查。

FLEMISH GIANT
佛萊明巨兔

體型驚人，為世界上最大型的兔種。
體重超過10kg的個體並不罕見，體重沒有上限。
性情沉穩而有「溫柔的巨人」之稱。

淺棕色

魅力焦點

此兔種的魅力在於令人難以相信是兔子的巨大身軀與耳
朵，有些個體的體重甚至高達13kg以上。體型與中型犬
相當，個性溫厚且聰明，也很適合作為寵物。不過因其
體型龐大，大型飼育籠等生活必需品等飼養所需要的空
間與費用也是一般兔子的好幾倍。

原產國…歐洲	♂…5.90kg以上　♀…6.35kg以上
培育者…不詳	・青少年組（6個月～8個月）
ARBA註冊年…1916年	♂・♀皆未載於SP中
體型…半拱型	・幼年組（未滿6個月）
評鑑分級／體重…………………………	♂・♀最低體重皆為2.95kg
・成年組（8個月以上）	

耳朵 與身體大小達到平衡，有著結實的根部且呈直立狀。耳朵的理想長度為6個月大後長到至少約15cm。

毛 捲背毛。毛髮濃密有光澤，整身充滿生氣而閃閃發亮。較為理想的狀態是全身長度一致且不太換毛。

頭部 大而寬，與身體比例達到平衡。公兔較為結實。

眼睛 眼睛予人沉穩的印象。

腳 筆直，又長又大，強而有力且結實。與身體大小達到平衡。趾甲顏色與各種毛色一致，白色除外。

尾巴 筆直貼附，與身體比例達到平衡。

整體的身體特徵

全身修長且有力，十分豐腴，但絕對稱不上肥胖。頂線始於肩胛骨正後方，呈平緩的圓弧曲線，於腰部附近達到最高點，勾勒出圓而長的曲線並延伸至尾巴根部。母兔體型會比公兔大。鼻尖至尾巴根部的長度若超過50cm則不合格。

歷史 ⋯⋯⋯⋯⋯⋯⋯⋯⋯⋯⋯⋯⋯⋯⋯⋯⋯⋯⋯
有一說法認為其祖先為阿根廷的巴塔哥尼亞兔。巴塔哥尼亞兔是16～17世紀由荷蘭人引進歐洲作為食用肉的品種。據說之後與數種大型兔交配，於1860年左右首度以佛萊明巨兔之姿留下紀錄。1880年代初期在美國掀起一股比利時野兔熱潮後，便從英國進口此兔。佛萊明巨兔自此憑藉其龐大的體型與美麗的毛色逐漸獲得大家的喜愛。於1915年成立了俱樂部，1916年獲得ARBA的前身National Pet Stock Association的公認。

毛色變化

藍色

淡黃褐色

Mini Column

飼育的重點

這種兔子非常重，因此若是以金屬網飼育籠來飼養，最好放入可承載其身體的板條式踏板或軟墊。讓牠們可以在上面休息，也能有效預防足底炎。然而，金屬網地板鋪材並非造成足底炎的唯一原因，有些兔子因為帶有遺傳而較容易罹患足底炎也是不爭的事實。育種家必須努力消除這種遺傳性症狀。

【毛色／眼睛顏色】

 black

 blue

 fawn

 light gray

 sandy

 steel gray

 white

黑色

亮灰色

毛色變化

灰鋼色

白色

身體比例的平衡

一般人往往以為此品種只重視體型大小，但在兔子展上，整體比例是否平衡才是最重要的。尤其是身體修長的兔種，耳朵與腳都很長，在較高的姿態中，頭部與尾巴也很長。肩部、軀幹與腰部皆需十分豐腴，絕對不能太瘦。對這種品種而言，結實的耳朵根部至關重要，必須穩穩地支撐著大耳朵。此外，骨頭也很粗壯，要是骨頭太輕而過細就會被視為不合格。

歐洲寵物用品的現況

戶外飼育用的兔子屋
頗受青睞

　　2014年5月在德國的紐倫堡舉辦了全球最大寵物專用商品展覽會「Interzoo」。有來自50多個國家約1700多家廠商參加，引進了五花八門的寵物用品。

　　若比較歐洲與日本的兔子用品，首先會注意到飼育方式上的差異。日本主要是室內飼育，所以飼養兔子時飼育籠是不可或缺的。然而，把兔子養在室外在歐洲並不罕見。因此幾乎沒有像日本般底部呈抽屜式而方便管理的飼育籠，而是改養在鋪有牧草等的平地上。

　　在歐洲較受歡迎的是為了養在室外而搭建的兔子屋。在日本若提到兔子小屋，都是像木箱般簡樸的東西，但歐美則有所不同。目前已推出各式各樣如右下方照片般可愛且精心設計的產品。

兔食以
混合型居多

　　歐洲與日本連兔子食物都有所不同。歐洲較暢銷的是以固體飼料搭配水果乾、穀物與香草等的混合物。很少販售只有固體飼料的產品。

　　事實上，以前這類混合型兔食在日本也很普遍，但隨著兔子專賣店的開設，各個店家紛紛開發出原創商品，加上兔子的飼育方式日漸廣為人知，便改以只有固體飼料的兔食為主。在歐洲將兔子當作寵物並不像日本這般受到歡迎，且沒有兔子專賣店。因此，自古以來的混合型兔食至今仍蔚為主流。

　　話雖如此，在這次的「Interzoo」上也有引進適合兔子的有機食品等。在歐洲，別說是兔食了，連變化豐富的兔子用品也與日俱增。

有些德國的大型寵物店中還有專為兔子與其他動物而設的區域，按重量計價販售堅果、種子與水果乾等。

寵物店內的各種兔子。在歐洲大多是像這樣鋪設稻草來飼養兔子。

德國製造商所推出的兔子屋，如人類房屋般的設計甚是可愛。有些產品以金屬網圍起來的部分十分寬敞，有足夠的空間讓兔子玩耍。

FLORIDA WHITE
佛州大白兔

於美國培育出來的品種。
只有純白的單一毛色，
體重為2.5kg左右的小型兔種。

魅力焦點

佛州大白兔是相當出色的展示兔，在ARBA的兔子大會
（National Convention，一年一度的大型兔子展）上多次
獲得Best in Show獎（該展覽所有品種中的冠軍），是數
量不多的品種。此外，此品種是培育作為研究之用的小
型兔，不過作為小型食用肉品種也很受歡迎。

原產國…美國　佛羅里達州	♂・♀皆為1.81～2.72kg
培育者…Orville Miliken	理想體重2.27kg
ARBA註冊年…1967年	・幼年組（未滿6個月）
體型…袖珍型	♂・♀皆未滿2.04kg　最低體重1.02kg
評鑑分級／體重………………………	
・成年組（6個月以上）	

頭部 圓潤而蓬鬆。頸部較短。公兔比母兔還要結實。

耳朵 略微結實，毛量多且呈直立狀。

毛 飛背毛。

【毛色／眼睛顏色】

整體的身體特徵

身體略短，整體緊實，尤其是肩部特別發達。肩部與腰部幾乎等寬。頂線始於耳朵根部正後方，勾勒出平緩的圓弧曲線，經過腰部中央並流暢地延伸至尾巴根部。公兔的肉垂或母兔的大肉垂則會被視為一種缺陷。

歷史

佛州大白兔是由ARBA的評審 Orville Miliken 所培育出來的。他讓白子化的道奇兔、白色波蘭兔與小型且體型佳的白色紐西蘭兔種反覆進行選擇性交配與系統繁殖（linebreeding），成功培育出有著緻毛兔種身體短而結實的袖珍型兔種。此外，Fibber Mac Gehee 讓波蘭兔與小型的紐西蘭兔、不知名的小型兔進行選擇性交配，對此品種類型的改善做出更多貢獻。

HARLEQUIN

小丑兔

此兔種半邊臉有著
如小丑般的黑色紋路，
是兼具日系與喜鵲這兩種
名稱特殊毛色系的兔種。

▼ 喜鵲色系
黑色

魅力焦點

其英文名稱亦為「小丑」之意，全身有2種顏色交錯，極
其獨特的紋路令人印象深刻。個性沉穩且好奇心旺盛。此
外，如小丑這個名稱所示，有著引人注意的討喜性格。梳
理的照護工作也較為容易，很適合讓孩童當成寵物飼養。

原產國…法國	♂…2.95～4.08kg　理想體重3.4 kg
培育者…不詳	♀…3.18～4.31kg　理想體重3.63kg
ARBA註冊年…1973年	・幼年組（未滿6個月）
體型…圓弧型	♂…未滿3.4kg　最低體重1.7kg
評鑑分級／體重‥‥‥‥‥‥‥‥‥	♀…未滿3.63kg　最低體重1.7kg
・成年組（6個月以上）	

耳朵 貼附呈V字形。與頭部及身體比例達到平衡。

頭部 與身體比例達到平衡。

毛 飛背毛。依ARBA所制定的毛皮用兔種審查標準來判定。

整體的身體特徵

頭部、耳朵與身體比例皆達到平衡，看起來很優雅。後半身僅略寬於肩部。頂線從頸後平緩爬升，於腰部達到最高點，勾勒出流暢的圓弧曲線並延伸至尾巴。有2種色系，分別為以橙色與淡黃褐色為底色的日系色系，以及以白色為底色的喜鵲色系。所有毛色都必須色濃而深暗。

歷史
起源於法國，在諾曼第地區大量飼養。一般認為是1880年代，由飼養在圍欄內的玳瑁色道奇兔種與野生穴兔交配所誕下的兔種。有紀錄顯示，其最初的身姿很像斑紋雜亂的道奇兔種。於1887年首度在巴黎的兔子展上亮相，之後被引進英國並遠渡美國。早在1920年代之前便已成為ARBA的公認種，但是飼育數量未能增加而又被排除於公認種之外。不過1973年再度獲得ARBA的公認。據說日本的旭日旗便是毛色色系命名為「日系（japanese）」的由來，「喜鵲（magpie）」則是取自於一種名為歐亞喜鵲的鳥類。

毛色變化

❦ 日系色系
巧克力色

❦ 日系色系
紫丁香色

❦ 日系色系
藍色

【 毛色／眼睛顏色 】

JAPANESE VARIETIES

| | black | blue | chocolate | lilac |

MAGPIE VARIETIES

| | black | blue | chocolate | lilac |

❤ 喜鵲色系
藍色

❤ 喜鵲色系
紫丁香色

Mini Column

關於斑紋（紋路）

此兔種各種毛色的斑紋都至關重要，甚至在審查分數中占了60％。臉部毛色必須縱向對半，耳朵、胸部與腿部則與臉部顏色各異。

舉例來說，如果是日系色中的黑色品種，臉部右半邊為黑色、左半邊為金橙色，那麼右側的耳朵、胸部與腿部為金橙色；左側的耳朵、胸部與腿部則為黑色。若從上方觀察身上的紋路，會有5～7條黑色與金橙色的橫條紋（Bar），或有2種毛色從背部中央開始互相交錯的帶狀紋路（Band）。

理想的斑紋

理想斑紋的分布方式如下圖所示。獨特度無與倫比。

5 條斑紋交互出現
*下方為由下觀察足底的示意圖

6 條斑紋交互出現
*下方為由下觀察足底的示意圖

Band 帶狀

Bar 條狀（交替）

HAVANA
夏溫拿兔

原始的夏溫拿兔種為美麗的巧克力色。
名稱的由來是知名的
夏溫拿（古巴首都）產高級雪茄。

藍色

魅力焦點

據說其富有光澤的巧克力毛色深且濃堪稱無與倫比，且
觸感被形容成如美洲水鼬一般，是毛皮相當美麗的品
種。因此在展覽上此兔種的毛色與毛質備受重視，100分
中就占了45分。作為展示用的品種而頗受喜愛，小型且
個性沉穩又親人，作為寵物也人氣頗高。

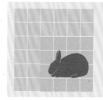

原產國⋯荷蘭
培育者⋯不詳
ARBA註冊年⋯1916年
體型⋯袖珍型
評鑑分級／體重⋯⋯⋯⋯⋯⋯⋯⋯⋯
・成年組（6個月以上）

♂・♀皆為2.04～2.95kg
理想體重2.38～2.49kg
・幼年組（未滿6個月）
♂・♀皆未滿2.26kg　最低體重1.1kg

耳朵 較短，與頭部及身體比例達到平衡。有著結實的根部且呈直立狀，雙耳相接。

毛 飛背毛。長度中等，毛質柔軟、濃密而有光澤。護毛的觸感比底毛硬且更有光澤。

頭部 長度中等且有一定的寬度，臉頰蓬鬆，十分豐腴。公兔比母兔還要寬。頸部較短且緊貼著身體。

黑色

眼睛 中等大小。

腳 筆直且大小適中。腿骨粗細中等但略短。趾甲顏色較深。

碎斑黑色

【毛色／眼睛顏色】

black

blue

broken

chocolate

lilac

※碎斑（broken）是指白色底色中混有所有公認色的紋路。眼睛顏色則依公認色為準。

整體的身體特徵

身體略短而緊實，若從上方觀察，後半身往肩部方向略變窄。肩部與身體中央部位圓潤感十足且豐腴。頂線從耳朵根部勾勒出流暢的圓弧曲線，平緩爬升，於腰部中央部位達到最高點並延伸至尾巴根部。背部、腰部與後半身十分豐腴，流暢而圓潤。

歷史......
據說此兔種起源於1989年的荷蘭，由道奇兔種所產下的幼兔毛髮富有光澤。其美麗的巧克力色體毛令人聯想到夏溫拿兔產高級雪茄的顏色，故而得名。夏溫拿兔迅速獲得好評，成為熱門品種，並於法國、瑞士與德國加以繁殖。當時在歐洲的展覽上可以看到無數類型各異的夏溫拿兔。於1908年出口至英國，1920年於英國成立夏溫拿兔的專利俱樂部。美國則是於1916年進口並註冊為公認種，之後藍色、黑色、碎斑與紫丁香色分別於1965年、1980年、2008年與2016年成為公認色。

HIMALAYAN
喜馬拉雅兔

細長的圓筒狀身軀為其特徵所在。
因其紅眼、純白色的毛加上
具有斑紋的耳、鼻、尾巴與足部,
是令人印象深刻的兔種。

藍色

魅力焦點

有著其他品種所沒有的獨特細長圓筒狀體型為
一大特徵。短而滑順的白色體毛覆蓋全身,耳
朵、鼻尖、腳尖與尾巴上有4種點狀毛色。

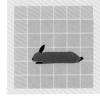

原產國⋯不詳　喜馬拉雅山脈附近	♂・♀皆為1.13～2.04 kg
培育者⋯不詳	理想體重1.6kg
ARBA註冊年⋯不詳	・幼年組(未滿6個月)
體型⋯圓柱型	♂・♀最低體重皆為0.57kg
評鑑分級／體重⋯⋯⋯⋯⋯⋯⋯⋯⋯⋯⋯⋯⋯⋯	
・成年組(6個月以上)	

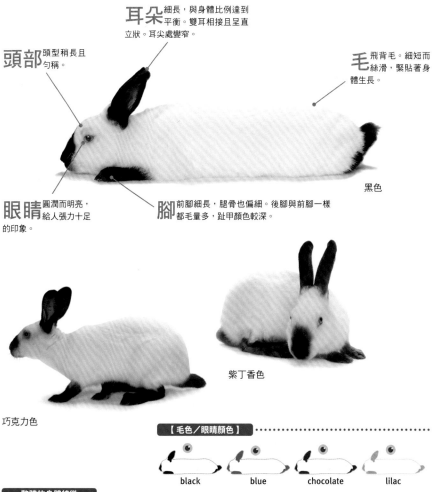

耳朵 細長，與身體比例達到平衡。雙耳相接且呈直立狀。耳尖處變窄。

頭部 頭型稍長且勻稱。

毛 飛背毛。細短而絲滑，緊貼著身體生長。

黑色

眼睛 圓潤而明亮，給人張力十足的印象。

腳 前腳細長，腿骨也偏細。後腳與前腳一樣都毛量多，趾甲顏色較深。

紫丁香色

巧克力色

【毛色／眼睛顏色】

black　　blue　　chocolate　　lilac

整體的身體特徵

細長的身體呈現出其他品種所沒有的圓筒狀。頂線與側面線條從肩部至腰部是筆直的。身體渾圓而緊實。在展覽上進行審查時，評審會讓牠們在審核台上擺出伸長身體的特殊姿勢。耳朵、鼻子、腳與尾巴上的清晰斑紋為其特徵所在。斑紋以外的部位皆為純白色，所有毛色的眼睛皆為粉紅色。

歷史 ....
此品種以世界上最古老的品種著稱，但目前還不知道是起源於何處，從名稱推測是來自喜馬拉雅山脈地區，但無明確的證據。有紀錄顯示，此品種在世界各地有 Russian、Chinese 與 Black nose 等各種名稱。原始毛色為黑色。之後培育出藍色，如今又加上巧克力色與紫丁香色，共有 4 種毛色。美國則是於 1900 年代初期從英國進口。

HOLLAND LOP
荷蘭垂耳兔

最小型的垂耳兔。
扁平的圓臉為一大特徵，
是很受歡迎的人氣寵物，
在日本也是廣為人知的品種。

¥ 漸變色系
黑玳瑁色

魅力焦點

與美國費斯垂耳兔（P36）並列為最小型的垂耳兔，特徵在於討喜的圓圓大臉上有對湯匙般的可愛耳朵。此外，頭頂部至枕部有個名為冠毛（crown）的厚厚帶狀突毛亦為其特徵之一。在

日本的人氣與荷蘭侏儒兔（P170）不相上下。個性討喜、活潑且好奇心旺盛。也有怕寂寞的一面，可看到牠們跟在飼主後打轉的可愛身影。

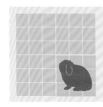

原產國…荷蘭　　培育者…Adrian de Cock	・幼年組（未滿6個月）
ARBA註冊年…1980年	♂・♀最低體重皆為0.91kg
體型…高頭山型	
評鑑分級／體重	歷史
・成年組（6個月以上）	由荷蘭的荷蘭侏儒兔與法國垂耳兔的育種
♂・♀皆未滿1.81kg	家Adrian de Cock所培育，最初是被稱作

耳朵 貼附於眼睛旁邊，從冠毛沿著臉頰垂下。耳朵厚且寬，毛量也多，末端必須圓而不尖。耳朵長度以略低於下顎線為佳。

毛 捲背毛。具有光澤，濃密且觸感柔軟。全身長度一致，約2.5cm較為理想。

頭部 頭型偏大，從正面看較寬，從冠毛前面經過雙眼間直到短而扁塌的鼻尖都呈圓形。臉頰蓬鬆且圓潤。頭部位置緊貼於肩部高處。

眼睛 圓潤且位於臉部較內側處。

骨頭．腳 粗短且筆直。擁有與身體相符的粗腿骨。

整體的身體特徵

身體較短、結實且有一定的厚度。頂線始於枕部，高度一致地延伸至後半身。若從正面觀察，胸部較寬，幾乎與兩隻前腳之間的寬度相當。肩部較短且肩寬與身高幾乎一致，不過沒有後半身那麼寬。後半身寬且高，圓潤感十足。此品種的肌肉理應非常結實。碎斑色紋路是以白色為基調，所有公認色皆已獲得認證，與眼睛顏色也是互相匹配的。

Netherland Lop。他希望能培育出較容易飼養的小型垂耳兔（迷你法國垂耳兔），故於1949年讓白色荷蘭侏儒兔的母兔與法國垂耳兔的公兔進行交配，但這次的嘗試以失敗告終。1952年，他讓從這2個兔種交配所生的母兔與英國垂耳兔的公兔進行交配，誕下的公兔又與第2次交配所生的母兔等進行交配，後又再度與荷蘭侏儒兔交配。此外，為了讓英國垂耳兔的飛背毛毛質，恢復為原本的捲背毛毛質，使用了安哥拉兔種來配種。要縮小體型並創造出垂耳似乎極其困難，但是他成功培育出目標體重4.5磅（約2kg）的兔種，創造出如今的荷蘭垂耳兔（Holland Lop）。於1976年首度進口至美國，1980年成為ARBA的公認種。

毛色變化

▼ 野鼠色系
灰栗色

▼ 野鼠色系
蛋白石色

▼ 野鼠色系
金吉拉色

▼ 野鼠色系
藍松鼠色

【 毛色／眼睛顏色 】 ·······························

AGOUTI GROUP

chestnut agouti　chocolate agouti　chinchilla　chocolate chinchilla　lynx　opal　squirrel

BROKEN GROUP　　　　**POINTED WHITE GROUP**

broken　tri-colored　　　　black　blue　chocolate　lilac

SELF GROUP

black　blue　chocolate　lilac　blue eyed white　ruby eyed white

碎斑（broken）是指白色底色中混有所有公認色的紋路。眼睛顏色則依公認色為準。
碎斑三色（tri-colored）是指白色底色中摻雜著2種顏色的斑紋。斑紋的組合如下：深黑色×金橙色、深巧克力褐色×金橙色（以上2種的眼睛為褐色）；藍色×金黃褐色、紫丁香色×金黃褐色（以上2種的眼睛為藍灰色）。

❤ 碎斑色系
碎斑霜白色

❤ 碎斑色系
碎斑橙色

❤ 碎斑色系
碎斑玳瑁色

❤ 碎斑色系
碎斑黑色

SHADED GROUP

| sablepoint | siamese sable | seal | smoke pearl | tortoise black | tortoise blue | tortoise chocolate | tortoise lilac |

TAN PATTERN

black otter | blue otter | chocolate otter | lilac otter

WIDE BAND GROUP

cream | fawn | frosty | orange | red

TICKED GROUP

| steel black-g | steel blue-g | steel chocolate-g | steel lilac-g | steel black-s | steel blue-s | steel chocolate-s | steel lilac-s |

毛色名稱末尾為 -g 的是 gold tipping 的縮寫。
毛色名稱末尾為 -s 的是 silver tipping 的縮寫。

毛色變化

❦ 碎斑色系
碎斑金吉拉色

❦ 碎斑色系
碎斑灰栗色

❦ 碎斑色系
碎斑蛋白石色

❦ 碎斑色系
碎斑黑獺色

Mini Column

飼育的重點

最好費心確保優質固體飼料以及牧草之間的均衡飲食。此兔種大多食慾旺盛，必須格外留意以避免過胖。此外，雖為短毛種，毛髮護理卻是不可或缺的。不妨使用順毛噴霧等來幫助刷毛。梳理時也要確認因垂耳而較不容易看到的耳內是否有堆積汙垢。牠們也有任性固執的一面，所以確實做好管教以便順利抱起也是很重要的。

❦ 碎斑色系
碎斑巧克力色

❦ 碎斑色系
碎斑巧克力獺色

❦ 碎斑色系
碎斑藍松鼠色

❦ 碎斑色系
碎斑奶油色

Mini Column

理想的冠毛位置

冠毛應位於眼睛正後方，從耳朵正上方的頭頂覆蓋至耳朵後方，且必須有一定的寬度。冠毛最常見的缺陷是離眼睛較遠，從枕部靠近肩部處開始長出，此狀況被稱為下滑冠毛（slipped crown）。冠毛與眼睛之間的寬度愈近愈好，若超過2根手指寬則會被視為重大缺陷。

從正上方看

從側面看

毛色變化

✌ 碎斑色系
碎斑黑貂斑紋色

✌ 碎斑色系
碎斑藍玳瑁色

✌ 純色系
巧克力色

✌ 純色系
黑色

✌ 純色系
藍色

❤ 漸變色系
黑貂斑紋色

❤ 漸變色系
煙燻珍珠色

❤ 漸變色系
藍玳瑁色

❤ 日晒色系
巧克力獺色

❤ 日晒色系
藍獺色

Mini Column

關於碎斑色紋路

若沒有鼻紋、雙耳全白或雙眼周圍沒有顏色，在展覽上會喪失資格。此外，若是鼻紋、耳朵與眼睛只有單邊有顏色，則被視為一種缺陷。碎斑色紋路若白色以外的顏色占全身比例超過10%則被視為不理想。

毛色變化

❦ 日晒色系
紫丁香獺色

❦ 麻紋色系
黑鋼色-前端帶金色

❦ 廣義色系
橙色

❦ 廣義色系
奶油色

Mini Column

荷蘭垂耳兔的頭部

在荷蘭垂耳兔的審核中，頭部是個特別重要的部位。額頭與蓬鬆的嘴部幾乎等寬，形成結實且碩大的頭型。觀察頭型可清楚看出，以線連接雙眼眼頭與鼻頭會勾勒出一個倒三角形。若是理想的頭型，雙眼部位的2個角度會比較尖銳，形成比正三角形更扁平的形狀。

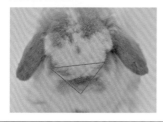

新品種誕生的過程

新品種的公認過程漫長

　　一個品種若想要以新品種之姿獲得ARBA的公認，必須滿足ARBA所規定的嚴苛條件。即便是熱門的兔種，也要耗費很長一段時間與心力才能獲得新品種認證。

　　培育新品種的條件是，培育者必須已加入ARBA至少5年。培育者應先向ARBA提出新品種培育的申請，取得培育證明書。取得證書後，須在每年舉辦1次的ARBA全美兔子大會上展演。這種展演在5年內合格3次才能被承認為新品種。倘若展演連續2次不合格，下一個取得培育證明書的人就必須從第1次開始重新展演。

志在獲得ARBA公認的2個品種

　　「絨毛垂耳兔」是目前以獲得公認為目標的品種之一。這種兔子具有英國垂耳兔的長耳朵與身體，身上裹著如雷克斯兔天鵝絨般特有的體毛。

　　絨毛垂耳兔的培育始於1900年的加利福尼亞州。體型比體重約為5kg的英國垂耳兔還要小，體重則為一半左右。陸續有多名育種家挑戰培育，但是培育的過程困難重重，不是體重過重，就是耳朵長度無法維持一致等等。從培育至今已過了20多年，仍未被公認為新品種。

　　另外還有一個品種與絨毛垂耳兔一樣以獲得公認為目標，即擁有巧克力色與銀色柔軟體毛的「銀褐兔」。此品種於2013年賓夕凡尼亞州的ARBA全美兔子大會上通過了首次展演，並於2015年獲得新品種的認證。

　　ARBA今後則是志在培育迷你加州兔或讓純藍毛兔通過第3次展演，成為新的公認品種。

絨毛垂耳兔
如天鵝絨般滑順的體毛及酷似英國垂耳兔的體型令人印象深刻。

銀褐兔
如名稱Argent（銀色）所示，有著一身銀色與巧克力色的美麗體毛。

JERSEY WOOLY
澤西長毛兔

宛如長毛版的荷蘭侏儒兔，
是小型且可愛的兔種。

▼碎斑色系
碎斑暹羅黑貂色

魅力焦點

兼具小型種的可愛與長毛種的優雅而別具魅力。體毛的
觸感佳且非常濃密，但照顧起來會比意想中還要容易。
已獲得公認的毛色也很豐富，有別於短毛種的毛色，淡
而柔和的色調也很迷人。臉部的毛比身體的毛還要短，
因此圓潤而蓬鬆，酷似波斯貓。

原產國⋯美國　紐澤西州	♂・♀皆未滿1.59kg　理想體重1.36kg
培育者⋯Bonnie Seeley	・幼年組（未滿6個月）
ARBA註冊年⋯1988年	♂・♀最高體重皆為1.36kg　最低體重
體型⋯高頭山型	0.68kg
評鑑分級／體重⋯⋯⋯⋯⋯⋯⋯⋯⋯⋯⋯⋯⋯⋯⋯⋯	
・成年組（6個月以上）	

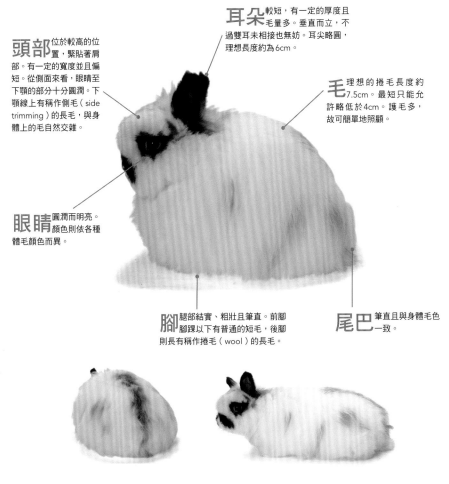

頭部 位於較高的位置，緊貼著肩部。有一定的寬度並且偏短。從側面來看，眼睛至下顎的部分十分圓潤。下顎線上有稱作側毛（side trimming）的長毛，與身體上的毛自然交雜。

耳朵 較短，有一定的厚度且毛量多。垂直而立，不過雙耳未相接也無妨。耳尖略圓，理想長度約為6cm。

毛 理想的捲毛長度約7.5cm。最短只能允許低於4cm。護毛多，故可簡單地照顧。

眼睛 圓潤而明亮。顏色則依各種體毛顏色而異。

腳 腿部結實、粗壯且筆直。前腳腳踝以下有普通的短毛，後腳則長有稱作捲毛（wool）的長毛。

尾巴 筆直且與身體毛色一致。

整體的身體特徵

身體較短而緊實，身高與體寬幾乎一致。肩部與後半身也差不多等寬。後半身蓬鬆而圓潤感十足。頂線始於耳朵根部，爬升呈平緩的圓弧狀，於越過腰部附近達到最高點，直至尾巴根部勾勒出流暢的圓弧曲線。耳朵根部前面有稱作毛線帽（wool cap）的裝飾毛，短而密集。側毛與毛線帽若太短則是一種缺陷。此外，下顎線上有名為側毛的長毛，與身體的毛自然交雜。

歷史

澤西長毛兔是在1970年代後半時由紐澤西州的Bonnie Seeley所培育。她希望培育出既擁有美麗安哥拉兔的體毛、容易打理又小巧可愛的賞玩用兔種，出於這份渴望，她挑戰以荷蘭侏儒兔與法國安哥拉兔進行雜交育種（crossbreeding），培育出澤西長毛兔。1984年首度由ARBA引進，並於1988年註冊為ARBA的公認種。2004年又新增碎斑色（白底中混有斑狀紋路）為全新的毛色色系，如今已有更多毛色。現在的澤西長毛兔與數10年前的比起來，無論是體型還是耳朵都變小了，外表更為精緻可愛。

毛色變化

❥ 其他色系
黑斑紋白色

❥ 野鼠色系
栗色

❥ 碎斑色系
碎斑黑獺色

❥ 其他色系
藍斑紋白色

【 毛色／眼睛顏色 】

AGOUTI GROUP

chestnut　chinchilla　opal　squirrel

AOV GROUP POINTED WHITE

black　blue　orange

BROKEN GROUP

broken

SELF GROUP

black　blue　blue eyed white　chocolate　lilac　ruby eyed white

碎斑（ broken ）是指白色底色中混有所有公認色的紋路。眼睛顏色則依公認色為準。

❦ 碎斑色系
碎斑黑色

❦ 碎斑色系
碎斑巧克力色

❦ 碎斑色系
碎斑藍色

Mini Column

柔軟美麗的體毛

澤西長毛兔的魅力在於體毛。身上捲而柔軟的底毛上覆有一層護毛。雖觸感稍微偏硬，但具有健康光澤的美感。參展則須觸感無損且全身均勻地長滿濃密的毛。此外，護毛量多而毛髮不易打結，照護起來相對容易。其毛髮的纖維雖亦可用於紡紗織布，但終究僅供鑑賞之用而未考慮商業用途。

SHADED GROUP

blue tortoise shell	sable point	seal	siamese sable	smoke pearl	tortoise shell

TAN PATTERN GROUP

black otter	blue otter	sable marten	black silver marten	blue silver marten	chocolate silver marten	lilac silver marten	smoke pearl marten

129

毛色變化

❤ 碎斑色系
碎斑煙燻珍珠色

❤ 碎斑色系
碎斑橙色

❤ 純色系
藍色

❤ 純色系
黑色

Mini Column

體毛的照顧方式

雖然是長毛種，卻有著不易打結的毛質而易於打理，但定期的梳理仍不可少。最好每週梳理一次。梳理時請使用順毛噴霧以避免引起靜電。此外，餵食富含優質蛋白質的食物與纖維豐富的牧草也至關重要。

❦ 純色系
巧克力色

❦ 純色系
藍眼白色

❦ 純色系
紅眼白色

毛色變化

❦ 漸變色系
藍玳瑁色

❦ 漸變色系
暹羅黑貂色

❦ 漸變色系
煙燻珍珠色

❦ 日晒色系
黑獺色

Mini Column

澤西長毛兔的個性

個性大多拘謹、溫吞又喜歡撒嬌，抱起時也很乖巧，很適合當成寵物。對飼主而言，澤西長毛兔最大的魅力在於牠那身蓬鬆的毛質，看起來柔和而高雅。此外，愛撒嬌的個性也極具魅力，加上沉穩的個性，不少飼主都有很好的飼養體驗。

¥ 日晒色系
藍獺色

¥ 日晒色系
藍銀貂色

¥ 日晒色系
煙燻珍珠色

¥ AOV色系
橙色

LILAC
拉拿兔

在美國也是數量稀少的品種。
全身毛髮灰中帶粉（紫丁香色），
是十分美麗的兔種。

魅力焦點

其魅力在於這種灰中帶粉的美麗紫丁香色。個性愛玩、
溫和且溫柔，還會照顧其他兔子同伴。體型也很緊實，
是適合當寵物的品種。牠們的美麗體毛十分纖細，直接
照射陽光會曬傷而導致毛變成褐色。為了保持美麗，最
好盡量避免直接曬太陽。

原產國…荷蘭、英國	理想體重2.71〜3.17kg
培育者…C. H. Spruty、R. C. Punnet	♀…2.71〜3.62kg
ARBA註冊年…1928年	理想體重2.94〜3.39kg
體型…袖珍型	・幼年組（未滿6個月）
評鑑分級／體重……………………………	♂…最低體重1.36kg　未滿2.71kg
・成年組（6個月以上）	♀…最低體重1.36kg　未滿2.94kg
♂…2.49〜3.40kg	

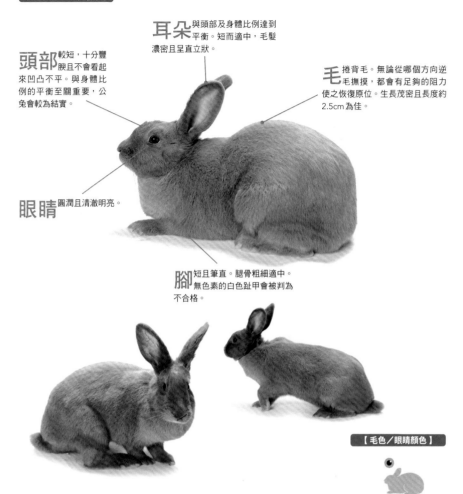

耳朵 與頭部及身體比例達到平衡。短而適中，毛髮濃密且呈直立狀。

頭部 較短，十分豐腴且不會看起來凹凸不平。與身體比例的平衡至關重要，公兔會較為結實。

毛 捲背毛。無論從哪個方向逆毛撫摸，都會有足夠的阻力使之恢復原位。生長茂密且長度約2.5cm為佳。

眼睛 圓潤且清澈明亮。

腳 短且筆直。腿骨粗細適中。無色素的白色趾甲會被判為不合格。

【毛色／眼睛顏色】

整體的身體特徵

為袖珍型體型。體長足以支撐體重，與圓潤的身體比例達到平衡。後半身有一定的寬度，從任何角度觀看皆是流暢而圓潤的。肩部略窄於腰部。腰部有一定的寬度，且理想的狀況是盡量也要有一定的高度。全身均勻地覆滿顏色美麗的毛，表面帶粉紅色而被稱作 Medium Dove Gray。

歷史 ……………………………………………
此品種於同一時期誕生於2個地區。有紀錄顯示，荷蘭的 C. H. Spruty 於 1917 年培育出與最初的拉拿兔相似的兔種。這隻兔子被稱作「Gouda」，並廣傳至法國與德國。另一方面，R. C. Punnet 則於 1922 年在英國培育出拉拿兔。他讓藍色的比華倫兔種與巧克力色的夏溫拿兔種進行交配，培育出名為劍橋藍（Cambridge blue）的淡巧克力色兔種。牠在英國以拉拿兔之名註冊。美國則是從 1922 年至 1926 年期間大量進口了荷蘭型與英國型兩個兔種並廣傳開來，之後英國型獲得 ARBA 的採用而愈來愈受到歡迎，不過到了 1951 年左右，人氣已然退燒而數量驟減。此後又捲土重來，目前數量正逐步增加。

LION HEAD

獅子兔

濃密的「鬃毛」覆蓋於臉部周圍，
是面貌猶如獅子的兔種。
為 2014 年獲得 ARBA 公認
而相對較新的品種之一。

玳瑁色

魅力焦點

如其名所示，獅子兔的身姿獨特，猶如將雄獅的鬃毛直接加諸於兔子身上。真正的鬃毛只會出現在雄獅身上，但獅子兔無論雄雌皆有鬃毛。日本

雖然也有名為 Lion rabbit 且頗受青睞的兔子，但與此兔是不同品種。此兔種在日本還很稀有，除了專賣店以外十分罕見。

原產國…比利時
培育者…不詳
ARBA 註冊年…2014 年
體型…高頭山型
評鑑分級／體重……………………
・成年組（6 個月以上）

♂・♀皆不超過約 1.7kg
・幼年組（未滿 6 個月）
♂・♀皆不超過約 1.58kg
最低體重約 737g

耳朵 較短且穩穩地直立於頭上。毛量多，有一定的厚度，末端是圓形狀。

頭部 呈圓形狀，眼睛之間有足夠的寬度。嘴部蓬鬆。頸部極短，頭部位於身體的最高處。

毛 Mane（鬃毛）鬃毛為捲毛，長度至少必須超過5cm。覆蓋於頭部周圍形成完美的圓形，往頸後延伸呈V字型。
Coat（短毛）捲背毛。毛柔軟且濃密，長度中等。生氣蓬勃並且具有光澤。

整體的身體特徵

身體較短而緊實，圓潤感十足。肩部、胸部與後半身較寬且十分豐腴。直到臀部下方都很有肉。獅子兔的展示姿勢應讓其前腳輕輕著地並站立起來。此姿勢必須維持直挺站立的狀態，以便從前方觀察時可看清胸部與鬃毛（Mane）。不可按壓頭部或強迫其低頭，以便評估頭部的位置與姿勢是否適切。

歷史 ··················
歐洲獅子兔（European Lionhead Rabbit）是在比利時培育出來的。有一種說法認為，獅子兔可能是在1930年代因為基因突變而衍生出來的。該品種於2000年由明尼蘇達州的Joanne Statler首度進口至美國。後來為了改良而與荷蘭侏儒兔、布列塔尼亞小兔、波蘭兔等

小型品種進行雜交育種，培育出現在的美國獅子兔。2014年以ARBA第48個新品種之姿，註冊了紅眼白色與黑玳瑁色（黑色、藍色、巧克力色與紫丁香色）。此外，在英國則是於2002年成為公認品種。2022年，煙燻珍珠色成為公認色。目前正志在培育出藍色、藍眼白色、黑貂色斑紋等新色。

毛色變化

黑色（未經公認）

Mini Column

關於Mane（鬃毛）的遺傳

鬃毛的遺傳是一種因為基因突變而來的顯性遺傳。這種鬃毛有3種基因模式，分別為僅臉部周圍有長毛的「單層鬃毛（single mane）」、臉部周圍以及側腹周圍有長毛的「雙層鬃毛（double mane）」，以及兩處皆無毛而乍看之下如短毛種般的「無鬃毛（no mane）」。依獅子兔的審查標準來說，單層鬃毛為佳，雙層鬃毛雖然不甚理想，但不至於像無鬃毛一般失去資格。

無鬃毛　　　單層鬃毛　　　雙層鬃毛

【毛色／眼睛顏色】

black　　chocolate　　ruby eyed white　　seal　　siamese sable　　smoke pearl

tortoise　　tortoise blue　　tortoise chocolate　　tortoise lilac

藍色（未經公認）

Mini Column

獅子兔的交配
要培育出理想中有著單層鬃毛的獅子兔並非易事。雙層鬃毛種之間的交配100％會誕下雙層鬃毛的幼兔。以雙層鬃毛兔搭配單層鬃毛兔，有50％的機率會生出雙層鬃毛與單層鬃毛；若是單層鬃毛種之間進行交配，則有25％的機率是雙層鬃毛、25％為無鬃毛、50％為單層鬃毛。無鬃毛兔雖然不具備獅子兔的外貌，卻有著非常實用的基因可用於交配。這是因為只要讓無鬃毛兔與雙層鬃毛兔進行交配，100％會誕下理想中的單層鬃毛兔。

黑獺色
（未經公認）

兔子毛色獲得公認的過程

ARBA嚴格的顏色管理

兔子的顏色並不僅僅取決於毛色。毛色、眼睛顏色甚至是趾甲顏色都是要互相匹配的，這些全被視為品種基準並記錄於ARBA所出版的手冊《Standard of Perfection》中。比方說，若顏色為黑色，全身毛色必須為深黑色、底色為深板岩藍、眼睛呈褐色、趾甲則為黑色。

毛、眼睛與趾甲的顏色若沒有互相匹配，在ARBA舉辦的兔子展上就會喪失資格。不合格的兔子便不能以公認品種之姿繁衍後代。

兔子的顏色便是在這樣嚴格的基準下加以管理，因此新色要獲得ARBA的公認相當困難，既耗時又費力。

耗費10多年取得新色的公認

要在ARBA所公認的品種中追加新色必須滿足幾個條件。首先，培育該顏色的培育者必須是已加入ARBA至少5年的會員。此外，必須向ARBA提出培育新色的申請並取得培育證明書。不過培育證明書有時也會發給試圖培育同一種顏色的多名育種家。即便取得了證明書，也不過是新色獲得公認的一個入口罷了。

最先取得培育證明書的人應於每年舉辦1次的ARBA全美兔子大會上進行展演。該展演會有9名審查員進行審核。只允許攜帶符合ARBA規定條件的標準兔子進場。

5年內必須通過3次這樣的展演。倘

獅子兔的新色候補「玳瑁色」在ARBA所舉辦的兔子大會上進行展演的實際情況。

若連續2次不合格，下一個取得培育證明書的培育者就必須從第1次的展演開始重頭來過。

　　3次展演都合格後，才能成為ARBA的公認色。從著手培育新色至獲得公認為止，大約需要10年以上。這是一項需要投注多年歲月的艱辛作業。

最近追加的公認色

金吉拉色的道奇兔
在6種顏色中追加新色。

藍玳瑁色的荷蘭侏儒兔
淡黃褐色中摻雜著煙燻藍色。

煙燻珍珠色的迷你雷克斯兔
底色為珍珠灰色。往頭部、耳朵與腰部等方向逐漸轉變為深煙燻灰色。

ENGLISH LOP
英國垂耳兔

大型的垂耳兔種，
特色在於長得驚人的大耳朵。

▼野鼠色系
黑灰栗色

魅力焦點

典型曼陀鈴型的大型垂耳兔。特色在於令人吃驚的長耳
朵，就算長度超過70cm也不稀奇。個性溫和且乖巧，容
易與人類親近。只要呼喚牠們的名字，就會跑過來或爬
到膝上。是不怕生的可愛兔種。

原產國⋯英國
培育者⋯不詳
ARBA註冊年⋯不詳
體型⋯半拱型
評鑑分級／體重⋯⋯⋯⋯⋯⋯⋯⋯⋯⋯⋯⋯⋯⋯
・成年組（8個月以上）

♂⋯4.08kg以上　♀⋯4.54kg以上
・青少年組（6個月～8個月）
　♂⋯未滿4.54kg　♀⋯未滿4.99kg
・幼年組（未滿6個月）
　♂・♀皆未滿3.18kg　最低體重1.59kg

耳朵 下垂並貼合著身體。長度至少約53cm，寬度則約為耳朵長度的4分之1。耳朵的長度與寬度要取得平衡，愈長愈好。

毛 飛背毛。觸感柔軟且絲滑，既不粗糙但也非捲毛。沿著身體線條生長。

頭部 頭型漂亮且有一定的寬度，臉頰蓬鬆，往嘴部方向略微變窄。枕部下方有著不太明顯的冠毛。

尾巴 筆直且與身體毛色一致。

腳 腿骨粗細適中，長度中等且筆直。

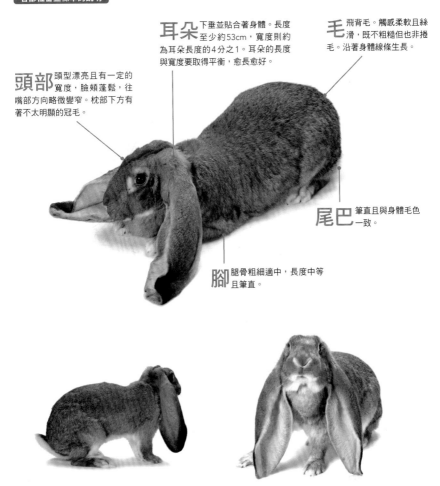

後半身、中間部位與肩部相當發達。為所謂的曼陀鈴型體型，身體的頂線始於肩部後方，爬升呈平緩的圓弧狀，於越過腰部附近達到最高點，延伸至圓潤的腰部下方，形成完美的拱狀。

此品種特有的長耳朵在出生後約4個月之前便已長成。長度是用尺測量兩邊耳尖之間的距離。

歷史 ....
最古老的家兔之一，其起源不明，但已釐清在1700年之前便已經存在。有紀錄顯示1846年曾在英國的展覽上亮相。英國垂耳兔是如何發展至拿下「夢幻之王（king of fancy）」的美譽，這段地如何獲得大眾喜愛而為人廣知的過程則一直壟罩在迷霧之中。此外，

眾所周知，此兔種是最早誕生的垂耳兔，為法國垂耳兔與荷蘭垂耳兔等之根源。一般認為耳朵愈長愈好，2003年有隻名為Nipper's Geronimo的英國垂耳兔以79cm創下世界最高紀錄，並列入金氏世界紀錄大全之中。目前志在讓獺色（黑色、藍色、巧克力色與紫丁香色）成為公認色。

毛色變化

◥ 碎斑色系
碎斑藍色

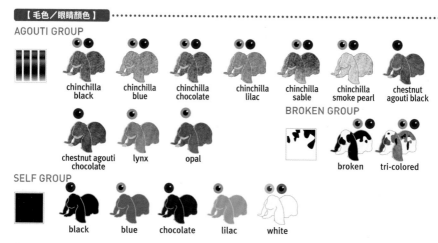

【毛色／眼睛顏色】

AGOUTI GROUP

chinchilla black · chinchilla blue · chinchilla chocolate · chinchilla lilac · chinchilla sable · chinchilla smoke pearl · chestnut agouti black

chestnut agouti chocolate · lynx · opal

BROKEN GROUP

broken · tri-colored

SELF GROUP

black · blue · chocolate · lilac · white

碎斑（broken）是指白色底色中混有所有公認色的紋路。眼睛顏色則依公認色為準。
碎斑三色（tri-colored）是指白色底色中掺雜著2種顏色的斑紋。斑紋的組合如下：深黑色×金橙色、深巧克力褐色×金橙色（以上2種的眼睛為褐色）；薰衣草藍×金黃褐色、紫丁香色×金黃褐色（以上2種的眼睛為藍灰色）。

❤ 碎斑色系
碎斑藍玳瑁色

❤ 碎斑色系
碎斑淡黃褐色

SHADED GROUP

| frosted pearl black | frosted pearl blue | frosted pearl chocolate | frosted pearl lilac | sable | sable point | seal | smoke pearl | tortoise black | tortoise blue | tortoise chocolate | tortoise lilac |

TICKED GROUP

| silver black | silver blue | silver brown | silver fawn | silverfox black | silverfox blue | silverfox brown | silverfox fawn | steel black-g | steel blue-g |

| steel chocolate-g | steel lilac-g | steel sable-g | steel smoke pearl-g | steel black-s | steel blue-s | steel chocolate-s | steel lilac-s | steel sable-s | steel smoke pearl-s |

毛色名稱末尾為 -g 的是 gold tipping 的縮寫。
毛色名稱末尾為 -s 的是 silver tipping 的縮寫。

WIDE BAND GROUP

| cream | fawn | orange | red |

毛色變化

❦ 純色系
黑色

Mini Column

長耳朵的照護方式
耳朵為此品種的一大特徵,在
兔子展上備受重視。若沒有從
待在巢箱內的嬰兒時期就開始
剪趾甲,牠們一不小心就會抓
傷耳朵的皮膚。無論耳朵長得
多長多漂亮,只要有了孔洞或
裂痕就會失去資格而無法接受
審核。因此,育種家在耳朵的
管理上要格外費心,會剪短趾
甲、避免耳朵接觸尖銳物或凍
傷等。參展時,評審會手持長
尺測量耳朵長度。

❦ 純色系
藍色

漸變色系
黑玳瑁色

漸變色系
藍玳瑁色

147

FRENCH LOP
法國垂耳兔

體重超過4.5kg的
超大型垂耳兔種。

❦ 碎斑色系
碎斑鋼色

魅力焦點

外型猶如壯碩低矮的中型犬。長長的耳朵將近
有40cm。最令人印象深刻的一點是體型大得驚
人,個性卻是溫和可愛,與孩童也能融洽相處。
然而,畢竟是大型品種而腿部踢力較強,因此從

平日開始就與兔子進行足夠的接觸與溝通至關重
要。體型愈大,在剪趾甲與梳理作業上也會愈發
辛苦。雖然不建議新手飼養大型種,但此兔種確
實獨具魅力。

原產國…法國
培育者…Condenier
ARBA註冊年…不詳
體型…圓弧型
評鑑分級／體重……………………………
・成年組(8個月以上)

♂…4.76kg以上　♀…4.99kg以上
・青少年組(6個月～8個月)
　♂…未滿5.22kg　♀…未滿5.44kg
・幼年組(未滿6個月)
　♂・♀皆未滿4.76kg　最低體重2.38kg

頭部 有一定的寬度，也相當發達且健壯。頸部較短且緊貼著肩部。冠毛呈圓弧狀。從耳朵根部至鼻子可看出顴骨稍呈圓形狀。

耳朵 要位於頭部上方適切的位置，從冠毛根部附近垂直下垂。耳朵毛量多，耳尖呈圓形狀。耳朵形狀酷似馬蹄，長度達下顎之下，約為30cm。

毛 捲背毛。有光澤，理想長度約為3.2cm。具有一定的厚度，濃密且質感絕佳。

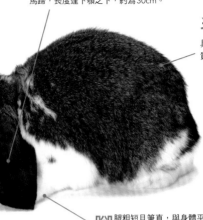

腳 腿粗短且筆直，與身體平行。若是碎斑色紋路，趾甲為亮色或深色皆可。

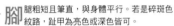

整體的身體特徵

身體結實又厚實。肩部較寬，豐腴且有一定的高度。從腰部至渾圓的臀部下方非常豐腴。此品種最重要的是結實、強而有力且整體比例平衡。從肩部至身體中央部位與後半身為止呈流暢的一體狀。頂線始於耳朵根部，爬升呈平緩的圓弧狀，於腰部中間附近達到最高點，圓潤且勾勒出圓弧的曲線並延伸至尾巴。

歷史
法國垂耳兔是於1850年左右由一位名叫Condenier的法國人所培育出來的。此品種便是因為他希望培育出比英國垂耳兔還要大型的垂耳兔，而讓英國垂耳兔與法國一種名為蝴蝶兔的品種交配所培育出來的。蝴蝶兔形似佛萊明巨兔，但身體比佛萊明巨兔短，體重約為7kg，是法國至今仍有在飼養的兔種。在1850年至1910年期間，英國垂耳兔與法國垂耳兔在歐洲與英國皆享有「夢幻之王」的美譽，曾經是人氣相當高的品種。目前志在讓獺色（黑色、藍色、巧克力色與紫丁香色）成為新的公認色。

毛色變化

❦ 碎斑色系
碎斑黑色

❦ 碎斑色系
碎斑黑鋼色 - 前端帶金色

❦ 碎斑色系
碎斑黑灰栗色

【毛色／眼睛顏色】 ⋯⋯⋯⋯⋯⋯⋯⋯⋯⋯⋯⋯⋯⋯⋯⋯⋯⋯⋯⋯

AGOUTI GROUP

      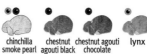

chinchilla black | chinchilla blue | chinchilla chocolate | chinchilla lilac | chinchilla sable | chinchilla smoke pearl | chestnut agouti black | chestnut agouti chocolate | lynx | opal

BROKEN GROUP

broken   tri-colored

SELF GROUP

black   blue   chocolate   lilac   white

SHADED GROUP

sable | sable point | seal | smoke pearl | tortoise black | tortoise blue | tortoise chocolate | tortoise lilac

碎斑（broken）是指白色底色中混有所有公認色的紋路。眼睛顏色則依公認色為準。
碎斑三色（tri-colored）是指白色底色中摻雜著2種顏色的斑紋。斑紋的組合如下：深黑色×金橙色、深巧克力褐色×金橙色（以上2種的眼睛為褐色）；薰衣草藍×金黃褐色、紫丁香色×金黃褐色（以上2種的眼睛為藍灰色）。

野鼠色系
黑灰栗色

Mini Column

飼育的重點

正因為是大型品種，飼養時需備有大型飼育籠（至少120×60×60cm左右）與空間。此外，因其體重較重，必須使用地板鋪材以免對腳底造成負擔。如果要放養在房間裡，地板太滑也有可能傷到兔子的關節。牠的啃咬力道也很強勁，因此應讓牠們在視線範圍內玩耍。在出生後7個月內可以任其隨心所欲地進食，之後則需格外留意避免變得肥胖。

純色系
藍色

純色系
黑色

TICKED GROUP

silver black · silver blue · silver brown · silver fawn · silverfox black · silverfox blue · silverfox brown · silverfox fawn · silver fox black · steel black-g · steel blue-g

steel chocolate-g · steel lilac-g · steel sable-g · steel smoke pearl-g · steel black-s · steel blue-s · steel chocolate-s · steel lilac-s · steel sable-s · steel smoke pearl-s

毛色名稱末尾為 -g 的是 gold tipping 的縮寫。
毛色名稱末尾為 -s 的是 silver tipping 的縮寫。

frosted pearl black · frosted pearl blue · frosted pearl chocolate · frosted pearl lilac

WIDE BAND GROUP

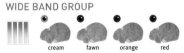

cream · fawn · orange · red

MINI LOP
迷你垂耳兔

3kg左右的小型垂耳兔種。
有著與荷蘭垂耳兔
大相逕庭的魅力。

▼麻紋色系
黑鋼色-前端帶銀色

比荷蘭垂耳兔（P116）還要重1kg左右，是再大一點的垂耳兔。體型矮壯，頭部位置也偏低，有人形容其外觀就像籃球上長出腳、頭與尾巴，與鬥牛犬也有幾分相似。在美國是炙手可熱的品種。個性溫和不怕生，也有渴望吸引人類注意的一面。此外，牠的個性較為博愛，也很適合作為孩童的寵物。是體毛照顧相對輕鬆而易於飼養的兔種。

原產國…德國　　培育者…Bob Herschback
ARBA註冊年…1980年　體型…袖珍型
評鑑分級／體重
・成年組（8個月以上）
♂・♀皆為2.04～2.95kg
理想體重2.72kg

・幼年組（未滿6個月）
♂・♀皆未滿2.72kg　最低體重1.36kg

歷史
加利福尼亞州的Bob Herschback於1972年，首度將原始的迷你垂耳兔引進德國。

耳朵 要位於頭上適當的位置，從冠毛兩側垂直下垂。毛量多，末端是圓的。

頭部 健壯、發達且結實，圓潤的頭部緊貼於肩部附近。圓圓的冠毛貼著頭部上方呈拱狀。

毛 捲背毛。有光澤，均勻且長度適中，有一身濃密並且質感絕佳的捲背毛。

腳 粗短而筆直，腿骨較粗。若是碎斑色紋路，趾甲為亮色或深色皆可。後腳與前腳的趾甲顏色各異也是可以接受的。

整體的身體特徵

有著強而有力的矮壯身軀。肩膀較寬且有一定的高度，十分豐腴。後半身直至臀部下方都很有肉，有一定的寬度與高度，順暢而圓潤。若從上方觀察，從厚實的後半身往肩部方向略微變窄。體型強而有力且緊實，整體比例平衡。只有母兔可以有肉垂。耳朵與冠毛的輪廓形狀似馬蹄鐵。

此兔是以德國大垂耳兔（German big lop）與小型金吉拉兔種交配所培育出的品種，被稱作Klein Widder，擁有美麗的頭部與耳朵，不過身體略微細長，體重達8磅（約3.6kg）。他將此品種中一對野鼠色的兔子與白色的母兔進口至美國，下定決心培育出更小型的兔種。一開始是使用法國垂耳兔與標準金吉拉兔進行交配，但是要縮小體型仍困難重重。他在1974年首度在ARBA上介紹此品種，卻因無法將體型縮小至理想的大小，加上名稱毫無魅力可言，因此未能吸引太多的興趣。於是他將名稱改為迷你垂耳兔（Mini Lop），並雌雄成地提供給多位育種家，試圖加以改良。最終於1980年註冊為ARBA的公認種。

毛色變化

✔ 野鼠色系
黑灰栗色

✔ 野鼠色系
藍金吉拉色

【毛色／眼睛顏色】 ••

AGOUTI GROUP

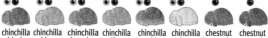

chinchilla black | chinchilla blue | chinchilla chocolate | chinchilla lilac | chinchilla sable | chinchilla smoke pearl | chestnut agouti black | chestnut agouti chocolate | lynx | opal

BROKEN GROUP

broken　tri-colored

white type--POINTED WHITE GROUP

black　blue　chocolate　lilac

SELF GROUP

black　blue　chocolate　lilac　white

碎斑（broken）是指白色底色中混有所有公認色的紋路。眼睛顏色則依公認色為準。
碎斑三色（tri-colored）是指白色底色中掺雜著2種顏色的斑紋。斑紋的組合如下：深黑色×金橙色、深巧克力褐色×金橙色（以上2種的眼睛為褐色）；薰衣草藍×金黃褐色、紫丁香色×金黃褐色（以上2種的眼睛為藍灰色）。

Mini Column

英國的迷你垂耳兔
英國也有個名為迷你垂耳兔（Mini
Lop）的品種。然而，英國的迷你垂
耳兔指的是美國所說的荷蘭垂耳兔
（Holland Lop），而英國稱這種迷
你垂耳兔品種為侏儒垂耳兔（Dwarf
Lop）。每個國家的審查標準略有不
同。ARBA的迷你垂耳兔體重約為
2.03～2.94kg，英國的則相對較小
型，約為1.93～2.38kg。可知英國
的荷蘭垂耳兔體型較為小型。

❦ 碎斑色系
　碎斑金鋼色

❦ 碎斑色系
　碎斑黑金吉拉色

SHADED GROUP

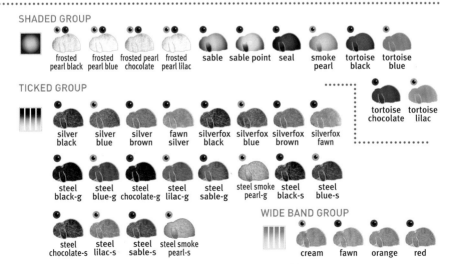

| frosted pearl black | frosted pearl blue | frosted pearl chocolate | frosted pearl lilac | sable | sable point | seal | smoke pearl | tortoise black | tortoise blue |

TICKED GROUP

| | | | | | | | | tortoise chocolate | tortoise lilac |

| silver black | silver blue | silver brown | fawn silver | silverfox black | silverfox blue | silverfox brown | silverfox fawn |

| steel black-g | steel blue-g | steel chocolate-g | steel lilac-g | steel sable-g | steel smoke pearl-g | steel black-s | steel blue-s |

| steel chocolate-s | steel lilac-s | steel sable-s | steel smoke pearl-s |

WIDE BAND GROUP

| cream | fawn | orange | red |

毛色名稱末尾為-g的是gold tipping的縮寫。毛色名稱末尾為-s的是silver tipping的縮寫。

毛色變化

∀ 漸變色系
煙燻珍珠色

Mini Column

日本迷你垂耳兔的二三事
純種的迷你垂耳兔在日本十分罕見。寵物店等處所販售的迷你垂耳兔（有時稱作侏儒垂耳兔）大多為混血種，體型大小也依個體而異。在美國的垂耳兔中，迷你垂耳兔是人氣僅次於荷蘭垂耳兔的品種。迷你垂耳兔專利俱樂部成立於1980年，成員日益增加，如今已發展成超過1000人的大型俱樂部。

∀ 純色系
黑色

∀ 碎斑色系
碎斑三色

在日本誕生的兔子們

二戰前盛行飼育的2個品種

　　日本也有獨家培育出的品種。「日本安哥拉兔種」便是以1925年從英國引進的安哥拉兔種所衍生出的。直到昭和初期（1930年代左右）為止，在日本家庭中飼養兔子作為副業蔚為流行，其毛髮亦作為毛織品的原料大量出口。

　　「日本白色種」的別稱為「日本白（Japanese White）」，是讓日本自古以來的原生種與紐西蘭白兔及佛萊明巨兔交配所培育出來的。原本是用以獲取食用肉與毛皮的兔種。中型約為4kg，大型則重達6kg左右。

　　無論是日本安哥拉兔種還是日本白色種，在二戰後都變成不受寵的家畜。因此，目前將其冷凍受精卵作為遺傳資源保存於日本的家畜改良中心。話雖如此，至今仍有人把日本白色種作為寵物養在家裡，亦用作實驗動物。此外，神戶的六甲山牧場中也有繁殖日本安哥拉兔種。

巨型兔在秋田仍炙手可熱

　　「日本白色種秋田改良種」是以日本白色種進一步改良而成的大型版。一開始是在秋田縣中仙町（現在的大仙市長戶呂）飼養作為食用肉之用，後來還被稱為「中仙巨無霸」。體重可長至6～7kg，其中甚至有重達11kg的紀錄！每年秋天會在大仙市舉辦品評會及其祭典「全國巨兔節」。

日本安哥拉兔種
成為毛織品的材料，因此在昭和初期之前，在家中飼育此兔成了一門副業而蔚為流行。照片提供：（獨立行政法人）家畜改良中心茨城牧場長野分場

日本白色種
以日本原本既有的兔種與佛萊明巨兔或紐西蘭白兔交配所生。照片提供：（獨立行政法人）家畜改良中心茨城牧場長野分場

日本白色種秋田改良種，別名中仙巨無霸
比日本白色種更大型，個性沉穩，因此作為寵物也備受喜愛。

MINI REX
迷你雷克斯兔

此兔種擁有一身宛如天鵝絨般
觸感絕佳的體毛，
摸過一次就會念念不忘。

藍色

魅力焦點

迷你雷克斯是在ARBA的展覽上展出次數第2多的熱門品種。也是體重不到2kg而備受喜愛的小型寵物兔。最大的特徵在於那身觸感如天鵝絨般美妙，並且富有光澤的美麗毛質。那種舒適的觸感，摸過一次就會令人難以忘懷。個性沉穩且好奇心旺盛。此兔種毫不膽怯，也比較不討厭被摸或抱抱，是相當完美的寵物。為了維持美麗的毛髮，最好提供蛋白質約為16％的優質食物，但要留意避免使其肥胖。一旦牠們變胖，腳底的毛會變短，因而容易罹患足底炎。

原產國…美國　德克薩斯州
培育者…Monna Berryhill
ARBA註冊年…1988年
體型…袖珍型
評鑑分級／體重
・成年組（6個月以上）
♂…1.36～1.93kg　理想體重1.81kg

♀…1.47～2.04kg　理想體重1.93kg
・幼年組（未滿6個月）
♂・♀最低體重皆為0.91kg
最高體重1.7kg

頭部 與身體比例達到平衡。緊貼著肩部，有著蓬鬆的臉部與下顎，但不像荷蘭侏儒兔那般圓潤。

耳朵 與身體比例達到平衡，具有一定的厚度且相對比較短，穩穩地直立於頭上。雙耳相接。

毛 非常濃密，朝上筆直生長，理想長度約為1.5cm。全身毛髮的長度、密度與觸感均勻一致。毛髮有彈性，若用手掌撫摸，會有彷彿被彈簧回彈般的觸感。

眼睛 圓潤而明亮。

腳 筆直，相對來說偏短。腿骨粗細適中。

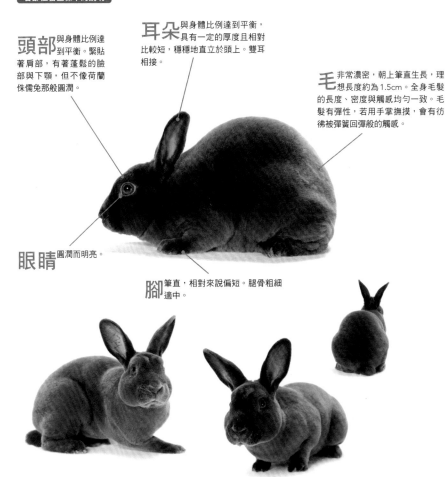

理想的迷你雷克斯兔身材比例勻稱而美好。肩部、身體中央部位與後半身都很發達且十分豐腴。全身有一定的高度，與身體寬度達成絕佳平衡。若從上方觀察，後半身往肩部方向略微變窄。此外，從側面看過去的身體線條，從耳朵根部開始勾勒出平緩的圓弧曲線，於腰部中央達到最高點，往下延伸至尾巴根部與豐腴的臀部，呈平緩的圓弧狀。母兔有小肉垂是可以接受的。

歷史 ⋯⋯⋯⋯⋯⋯⋯⋯⋯⋯⋯⋯⋯⋯⋯⋯⋯⋯⋯⋯⋯⋯⋯

此兔是以侏儒雷克斯兔（從荷蘭進口的小型雷克斯兔種）與雷克斯兔所培育出的品種。德克薩斯州的 Monna Berryhill 於 1984 年從 Marylouise Cowan 得到了侏儒雷克斯兔，便開始著手培育迷你雷克斯兔。他讓這種侏儒雷克斯兔的公兔 Zoro 與山貓色雷克斯兔的小型母兔 Cotton 進行交配，生下 7 隻幼兔。為了培育出迷你雷克斯兔而留下其中 3 隻母兔，分別叫做 Happy、Bashful 與 Dopey。Monna Berryhill 於 1986 年的 ARBA 展覽上展示了海狸棕色的迷你雷克斯兔，並於 1988 年將迷你雷克斯兔註冊為 ARBA 的公認種。如今迷你雷克斯兔在 ARBA 的展覽上成為參展數量第 2 多的品種，已是展覽會場中的熱門孔。已培育的新色包括黑貂色、銀貂色、煙燻珍珠色與黃褐色。

毛色變化

黑色

海狸棕色

【 毛色／眼睛顏色 】

group 1--SELF VARIETIES

| black | blue | blue eyed white | chocolate | lilac | white |

group 2--SHADED VARIETIES

| Sable | sable point | seal | smoke pearl | tortoise |

group 3--AGOUTI VARIETIES

| castor | chinchilla | lynx | opal |

碎斑（broken）是指白色底色中混有所有公認色的紋路。眼睛顏色則依公認色為準。
碎斑三色（tri-colored）是指白色底色中摻雜著2種顏色的斑紋。斑紋的組合如下：深黑色×金橙色、深巧克力褐色×金橙色（以上2種的眼睛為褐色）；薰衣草藍×金黃褐色、紫丁香色×金黃褐色（以上2種的眼睛為藍灰色）。

蛋白石色

藍眼白色

白色

group 4--TAN PATTERN VARIETIES

|

black otter |
blue otter |
chocolate otter |
lilac otter |
sable
marten |
black
silver marten |

blue
silver marten

chocolate
silver marten

lilac
silver marten

group 5--AOV

himalayan
black

himalayan
blue

red

group 6--BROKEN

broken

tri-color

毛色變化

黑貂色（未經公認）

黑貂斑紋色

碎斑黑色

Mini Column

關於碎斑色紋路

碎斑色紋路有2種類型，一種是呈
斑狀的斑點型紋路，一種則是宛如
背部蓋了塊布般的毛毯型紋路。所
有碎斑色紋路的兔子，都應該有
分布均勻的鼻紋且雙眼周圍與雙耳
都有顏色。分布不均的斑紋（只出
現在單側等）則會被視為缺陷。此
外，倘若白色以外的顏色占全身的
比例低於10％或高於50％，在展
覽上就會失去資格。

碎斑金吉拉色

碎斑巧克力色

金吉拉色

毛色變化

喜馬拉雅色

紫丁香色

紫丁香獺色

山貓色

紅色

玳瑁色

MINI SATIN
迷你緞毛兔

其特徵在於
緞毛兔種所特有的
如玻璃光澤般的體毛。

黑鋼色 - 前端帶金色
（未經公認）

魅力焦點

此品種的特徵在於如玻璃般透明澄澈的美麗體毛。在光線照射下，毛的表面會反光而閃閃發亮，讓人一見鍾情。此品種是以緞毛兔改良而成的縮小版，大小與迷你雷克斯兔一樣都是2kg左右。目前仍是稀有品種，不過因其美麗的外貌，加上是小型兔而易於飼養，今後作為寵物受歡迎的程度應該會更上層樓。已有20多種毛色，想必在不久的將來還會出現黑貂色、煙燻珍珠色與藍眼白色等新色。

原產國…美國　密西根州
培育者…Ariel Hayes
ARBA註冊年…2006年　　體型…袖珍型

評鑑分級／體重
• 成年組（6個月以上）
　♂ • ♀ 皆為 1.47～2.15kg
　理想體重 1.81kg

• 幼年組（未滿6個月）
　♂ • ♀ 皆未滿1.69kg　最低體重0.9kg

歷史
迷你緞毛兔最早是由密西根州的 Ariel Hayes 於1970年代後半著手培育。她將自己飼養的小巧緞毛兔稱作 Satinettes，為了註冊新

耳朵 毛量多，並且穩穩地呈直立狀。

頭部 圓潤而蓬鬆，頸部較短且緊貼著身體。公兔會比母兔結實。

毛 絲滑且細密，觸感絕佳。緞毛兔獨特的光澤是因為透明的毛髮會有如玻璃般反射光線所產生。

整體的身體特徵

身體的肩部與後半身十分發達，略短而緊實。身高與後半身、胸部、腰部與肩部的寬度幾乎一致。身體線條從耳朵根部平緩爬升，經過腰部中央部位，勾勒出流暢的圓弧曲線並延伸至尾巴根部。對此品種而言，其美妙的毛質尤為特別，必須具有豔麗的光澤而閃閃發亮。毛幹部位如透明玻璃般反射光線才會出現這種光澤。

品種而使其與波蘭兔進行交配。直到1982年為止，已將體型縮小至2kg左右，但後來放棄繼續培育。另一方面，B. Pettit於1980年代後半開始著手培育擁有緞毛質的荷蘭侏儒兔。她讓緞毛兔與荷蘭侏儒兔進行交配以培育出小型的緞毛兔，並於1990年轉讓其中幾隻給Sue Castle與Verlle Castle。之後Jim Karhulec接手了Sue & Verlle Castle擁有的所有Satinettes，並讓小型緞毛兔的公兔與緞毛兔的母兔進行交配，展開迷你緞毛兔的培育。他於1998年與1999年向ARBA提出這種迷你緞毛兔的註冊申請，卻以失敗收場。反而是J. Leo Collins所培育的紅眼白色迷你緞毛兔於2006年註冊成為ARBA的新品種。

毛色變化

巧克力獺色

暹羅色

金吉拉色

【 毛色／眼睛顏色 】 ·

| black | blue | lilac | chinchilla | chocolate | chocolate agouti | lynx | copper |

| squirrel | opal | black otter | blue otter | chocolate otter | lilac otter | red | broken |

黑色

巧克力色

藍色

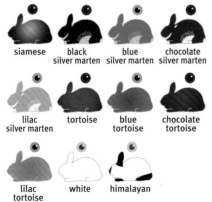

siamese

black
silver marten

blue
silver marten

chocolate
silver marten

lilac
silver marten

tortoise

blue
tortoise

chocolate
tortoise

lilac
tortoise

white

himalayan

Mini Column

毛質緞毛化（satinize）
雷克斯兔的兔毛為有著美麗光輝的緞毛
且觸感如天鵝絨般奢華，這是因為基因
突變所產生的隱性基因才發現的特徵。
雷克斯兔與迷你雷克斯兔是唯二擁有雷
克斯毛質的品種，但在緞毛兔誕生不久
後，育種家便開始致力於其他品種的毛
質緞毛化（satinize）。如今擁有緞毛
的品種不僅限於緞毛兔與迷你緞毛兔，
還有品種截然不同的安哥拉兔種的緞毛
安哥拉兔。

NETHERLAND DWARF
荷蘭侏儒兔

不管怎麼看都圓滾滾
且大臉小耳正是其特徵，
在日本也是大家所熟悉的小型兔。
為最小型的品種之一。

↯日晒色系
黑獺色

魅力焦點

最大的魅力莫過於嬌小的身體配上又大又圓的臉蛋及小
巧的耳朵。毛色變化也很多，有深色乃至淡色等各種顏
色可供選擇。碎斑色也於2006年獲得公認而為其更添魅
力。在日本是人氣與荷蘭垂耳兔平分秋色的熱門品種。

原產國…荷蘭
培育者…不詳
ARBA註冊年…1969年
體型…高頭山型
評鑑分級／體重⋯⋯⋯⋯⋯⋯⋯⋯⋯⋯⋯⋯⋯⋯⋯
・成年組（6個月以上）

♂・♀皆不超過1.13kg
・幼年組（未滿6個月）
♂・♀皆不超過906g　最低體重453g

頭部 較大,但大小與身體比例達到平衡。無論從哪個方向看都呈圓形狀。側臉從耳朵根部至鼻子附近勾勒出美麗的圓弧曲線。位於肩部較高的位置,緊貼著身體。

耳朵 較短,直立於頭上,有一定厚度且毛量多。耳朵末端是圓的,長度約5cm較為理想。與臉部大小之間的平衡也很重要。

毛 捲背毛。毛髮柔軟、濃密且長得很整齊,有著生氣蓬勃的光澤。

眼睛 圓潤且清澈明亮。

腳 筆直。趾甲顏色與眼睛顏色一致,取決於各種毛色色系。

身體較短而緊實,圓潤感十足。肩部有一定的高度與寬度,與後半身幾乎等寬,任一部位變窄都不行。此外,身體的高度與寬度須取得平衡。頂線始於肩部並呈美麗的圓弧狀,延伸至豐腴的後半身。在展覽上擺姿勢時不可將頭往地面壓,也切勿讓雙腳呈撐開狀態,從側面看過去時,前後腳之間也不能有可看到另一側的縫隙。

歷史‥‥‥‥‥‥‥‥‥‥‥‥‥‥‥‥‥‥‥
一般認為此兔種是道奇兔的基因突變種「波蘭兔」,於荷蘭與小型野生種偶然交配所產出。在1948年遠渡英國之前的數年間成為炙手可熱的品種。美國於1969年採納英國的審查標準,使其成為公認種。憑藉著小巧體型與可愛度,沒多久便在美國大受歡迎,繼比利時野兔熱潮消退後,進口了數量驚人的荷蘭侏儒兔。至今仍持續進行與英國荷蘭侏儒兔的交配作業以培育更良好的個體。新增了擁有粉紅色眼睛的野鼠黃色與橙黃色為新的公認色,並志在讓香檳色、狐狸色、銀頭鋼色(Silver Tipped Steel)等更多毛色獲得公認。

毛色變化

❦ 純色系
黑色

❦ 純色系
藍色

❦ 純色系
紫丁香色

❦ 純色系
藍眼白色

【毛色／眼睛顏色】 ···

group 1--SELF VARIETIES

black　　blue　　chocolate　　lilac　　blue eyed　ruby eyed
　　　　　　　　　　　　　　　　　white　　white

group 2--SHADED VARIETIES

sable　siamese　siamese　tortoise　blue
point　sable　smoke pearl　shell　tortoise

group 3--AGOUTI VARIETIES

chestnut chinchilla　lynx　　opal　　squirrel

172

❤ 純色系
巧克力色

❤ 純色系
紅眼白色

❤ 漸變色系
玳瑁色

❤ 漸變色系
暹羅煙燻珍珠色

group 4--TAN PATTERN VARIETIES

black otter | blue otter | chocolate otter | lilac otter | sable marten | black silver marten | blue silver marten | chocolate silver marten | lilac silver marten

smoke pearl marten | tans black | tans blue | tans chocolate | tans lilac

group 5--AOV

         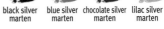

fawn | black himalayan | blue himalayan | chocolate himalayan | lilac himalayan | orange | steel | broken | agouti lutino | orange lutino

碎斑（broken）是指白色底色中混有所有公認色的紋路。眼睛顏色則依公認色為準。

173

毛色變化

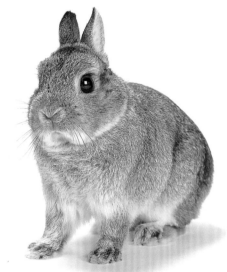

▼ 漸變色系
黑貂斑紋色

▼ 野鼠色系
金吉拉色

▼ 野鼠色系
山貓色

▼ 野鼠色系
栗色

Mini Column

飼育的重點

牠們常會鑽進狹窄的空間中、從高處
跌落，或跑到腳邊卻因為體型嬌小而
不小心被踩到等等，導致意外頻發，
因此必須格外費心照顧。雖然可以抱
著牠們，但抱著走動可能會導致摔落
意外，最好特別留意。此外，若因其
嬌小可愛而過於寵溺，牠們可能會變
得任性而不再聽話。重要的是，飼主
應發揮領導作用並確實做好抱抱等訓
練。

❦ 野鼠色系
蛋白石色

❦ 野鼠色系
藍松鼠色

❦ 日晒色系
巧克力獺色

❦ 日晒色系
藍獺色

毛色變化

❦ 日晒色系
黑貂色

❦ 日晒色系
紫丁香獺色

❦ 日晒色系
黑銀貂色

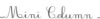

Mini Column

在展覽上的展示姿勢

荷蘭侏儒兔的展示姿勢必須讓頭部
位於較高的位置。前腳趾尖位於
眼睛正下方，後腳趾尖則落在臀部
最高位置的正下方。請勿擺出讓後
腳趾尖碰到前腳的姿勢而讓身體顯
短。肩部較高且頭部位置適切的兔
子大多可以輕鬆擺出自然的姿勢，
而頭部位置較低的兔子則無法擺出
適切的姿勢。
※P171上方的照片即為較理想的展
示姿勢。

❦ 日晒色系
藍銀貂色

❧ 日晒色系
黑褐色

❧ 日晒色系
藍褐色

❧ 其他色系
淡黃褐色

❧ 其他色系
鋼色

❧ 其他色系
紫丁香喜馬拉雅色

英國的荷蘭侏儒兔

英國的 The British Rabbit Council 與
美國的 ARBA 皆將荷蘭侏儒兔列為
公認種。理想體重與最高體重皆與
ARBA 完全一致，連毛色都與 ARBA
一樣區分為 5 大色系。然而，兔種的
毛色名稱卻大不相同。比如將純色系
的巧克力色稱作褐色，白色則單純稱
為白色，並且無紅眼與藍眼之分。

毛色變化

¥ 其他色系
碎斑黑色

¥ 其他色系
橙色

¥ 其他色系
碎斑黑獺色

¥ 其他色系
碎斑栗色

Mini Column

花生兔（peanut）

荷蘭侏儒兔等稱作侏儒種的品種是從雙親獲得2種基因所產下的，一種是縮小體型的侏儒基因，另一種則為正常基因。然而，若從雙親繼承2個侏儒基因，會產出名為花生兔的超小型幼兔，大部分會夭折而未能長大。反之，若未繼承任一種侏儒基因，則會長成超大型的兔子。

¥ 其他色系
碎斑蛋白石色

荷蘭侏儒兔的毛色

荷蘭侏儒兔的毛色在兔子品種中是色系較為豐富的。所有毛色被分為5大色系，分別為「純色系」、「漸變色系」、「野鼠色系」、「日晒色系」與「其他色系（AOV）」。各種毛色都必須與眼睛及趾甲的顏色互相匹配。

「純色系」是指全身顏色一致的色系。毛色為黑色或巧克力色的，眼睛會呈褐色。藍色毛色是帶點藍的深灰色，紫丁香色毛色則為灰中帶粉，兩者的眼睛皆呈藍灰色。純白毛色則有2種眼睛顏色。一為淡粉紅色虹膜中有寶石紅瞳孔的紅眼白色，一為有著亮藍色眼睛的藍眼白色。

「漸變色系」是指如暹羅貓般的色系，鼻尖、耳朵、尾巴與腳的顏色較深並漸進式地融入身體顏色之中。宛如暹羅貓般的毛色包括黑貂斑紋色、暹羅黑貂色與玳瑁色，眼睛呈現褐色。此外，暹羅煙燻珍珠色與藍玳瑁色的眼睛則為藍灰色。

「野鼠色系」是1根毛分成3種以上的顏色，朝著毛吹氣即可看到環狀紋路（照片請參照P28）。也包括彼得兔的栗色、珍珠白色與黑色交織而呈芝麻鹽般的金吉拉色。這些的眼睛皆呈褐色。紫丁香色與淡黃褐色交織而成的山貓色、令人聯想到寶石蛋白石般的蛋白石色，以及淡灰色與白色交織而成的藍松鼠色，眼睛皆為藍灰色。

「日晒色系」的基礎色會分布於頭部、背部、體側、尾巴上方、耳朵外側與腳的前側，與其呈對照的毛色則分布於其他部位。包括獺色、黑貂色、銀貂色、煙燻珍珠貂色與黃褐色，眼睛顏色則依各種基礎色而異。

「其他色系（AOV）」則是指不屬於4大色系任一紋路顏色的色系。包括碎斑色、淡黃褐色、喜馬拉雅色、橙色、鋼色等。

黑色

藍色

金吉拉色

栗色

黑貂斑紋色

玳瑁色

巧克力獺色

黑銀貂色

NEW ZEALAND
紐西蘭兔

雖名為紐西蘭兔，
卻是在美國培育出來的
大型食用肉品種。

紅色

魅力焦點

此品種的白色種是在日本也為大家所熟悉、眼睛通紅且體型龐大的日本白色種（參照P157）的祖先。一般認為是以白色的紐西蘭兔與佛萊明巨兔配種所培育出的日本白色種。特徵在於身體龐大而優美，圓潤的線條別具特色。成長快速，作為畜產之用而獲得高度評價。最初以紅色最受青睞，不過白色可以染成各式各樣的毛色，因而成為最受歡迎的毛色。

原產國…美國　俄亥俄州
培育者…Joe Wojcik
ARBA註冊年…1916年後半
體型…半拱型
評鑑分級／體重……………………………………
　・成年組（8個月以上）

♂…4.08～4.99kg　♀…4.54～5.44kg
・青少年組（6個月～8個月）
♂…未滿4.54kg　♀…未滿4.99kg
・幼年組（未滿6個月）
♂・♀皆未滿4.08kg　最低體重2.04kg
・嬰兒組（未滿3個月）

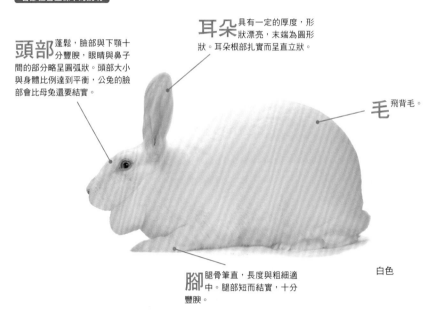

頭部 蓬鬆，臉部與下顎十分豐腴，眼睛與鼻子間的部分略呈圓弧狀。頭部大小與身體比例達到平衡，公兔的臉部會比母兔還要結實。

耳朵 具有一定的厚度，形狀漂亮，末端為圓形狀。耳朵根部扎實而呈直立狀。

毛 飛背毛。

腳 腿骨筆直，長度與粗細適中。腿部短而結實，十分豐腴。

白色

黑色

【毛色／眼睛顏色】

black　　red　　white

broken　　blue

※碎斑（broken）是指白色底色中混有所有公認色的紋路。眼睛顏色則是依公認色為準。

整體的身體特徵

此品種為代表性的食用肉品種。圓潤感十足的臀部，加上豐腴的腰部、胸部與肩部，與身體其他部位均衡地相接。此外，肩部、身體中央部位與後半身流暢地融為一體。若從側面來觀察身體，頂線是從耳朵根部正後方開始爬升，於腰部中央部位達到最高點，勾勒出流暢的圓弧曲線並延伸至尾巴根部。若從上方觀察身體，則是從後半身往肩部方向稍微變窄。母兔有小肉垂也是可以接受的。

♂・♀皆未滿2.27kg

歷史
最早的紐西蘭兔毛色為紅色。據說這是以比利時野兔與某種白色兔子交配的後代。最初的紅色種幾乎於同一時期出現在加利福尼亞州與印第安納州，由此可知，可能有好幾個地方都在嘗試這類的交配。一般認為紅色的紐西蘭兔是於1912年左右出現在美國，後來成為最受歡迎的品種。白色種則是與包括佛萊明巨兔、白色美洲兔或安哥拉兔種在內的多個品種進行交配所培育出來的。後又新增了藍色為公認色。

PALOMINO
柏魯美路兔

僅有金色與山貓色
2種公認色的大型兔種。
名稱是源自於有著金色毛的
巴洛米諾馬。

金色

魅力焦點

柏魯美路兔身體出奇地結實且成長快速，作為食用肉品
種頗具價值，也被引進歐洲與南非等地而廣為傳播。金
色美得令人聯想到豐收秋季的金黃色麥穗，是炙手可熱
的毛色，大部分的柏魯美路兔育種家都偏好繁殖金色。

原產國⋯美國　華盛頓州	♂⋯3.63～4.54kg　♀⋯4.08～4.99kg
培育者⋯Mark Young	・青少年組（6個月～8個月）
ARBA註冊年⋯1957年	♂⋯未滿4.08kg　♀⋯未滿4.31kg
體型⋯圓弧型	・幼年組（未滿6個月）
評鑑分級／體重⋯⋯⋯⋯⋯⋯⋯	♂・♀皆未滿3.63kg
・成年組（8個月以上）	・嬰兒組（未滿3個月）

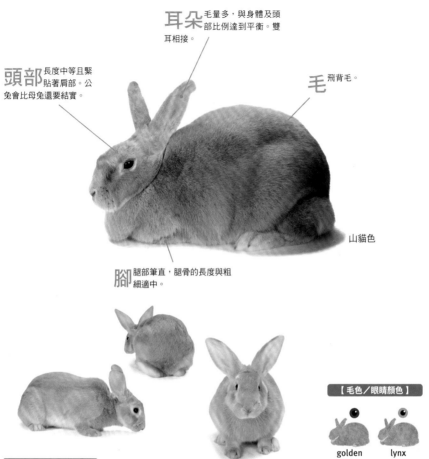

各部位審查標準的說明

耳朵 毛量多，與身體及頭部比例達到平衡。雙耳相接。

頭部 長度中等且緊貼著肩部。公兔會比母兔還要結實。

毛 飛背毛。

山貓色

腳 腿部筆直，腿骨的長度與粗細適中。

【毛色／眼睛顏色】

golden　　lynx

整體的身體特徵

身體長度中等，擁有相當發達的肩部與後半身。頂線呈流暢的拱狀，從頸後平緩爬升並經過背部，往腰部與後半身勾勒出流暢的圓弧曲線並延伸至尾巴。身高與肩部至腰部的長度幾乎一致。擺出適切的展示姿勢時，背部的最高位置會落在後腳趾尖的正上方。以食用肉品種來說，毛色的分數很高，頗受好評。背部的毛色在體側至腹部顏色交會處多少有些變化。此外，如果是年幼的兔子，兩條後腿的關節處一般會混有與背部同色的淡色條紋。趾甲顏色可以為淡色，但必須與體色一致。

♂・♀皆未滿2.27kg

歷史 ……………

柏魯美路兔是於美國培育出來的品種。華盛頓州的Mark Young從其飼育的食用肉專用兔中精選出應該是基因突變的黃褐色兔子，並反覆進行交配。此外，為了改良毛色，他還將其他品種用於交配，培育出金色與山貓色。1952年首度在ARBA的展覽上以華盛頓兔（Washingtonia）之名亮相，但他不滿意這個名字，便在展場上募集此新品種的名稱，自1953年起將品種名稱改為柏魯美路兔。山貓色於1957年註冊為ARBA的公認種，金色則是隔年的1958年成為公認色。

POLISH
波蘭兔

此兔在日本並不常見且也非顯眼的存在。
與荷蘭侏儒兔同為立耳且最小的品種之一。

藍色

魅力焦點

與荷蘭侏儒兔相似，卻被其鋒芒蓋過，在日本是相當罕見的
稀有品種。從任何角度觀看皆圓潤的臉蛋為荷蘭侏儒兔的理
想臉型；相反的，波蘭兔的臉型則是稍偏橢圓形為佳。波蘭
兔的臉部相對來說更符合兔子特有的容貌。性情溫順、溫和
且友善。是很適合當成寵物的兔種。

原產國⋯英國、德國	♂・♀皆未滿1.59kg　理想體重1.13kg
培育者⋯不詳	・幼年組（未滿6個月）
ARBA註冊年⋯不詳	♂・♀皆未滿1.13kg　最低體重570g
體型⋯袖珍型	
評鑑分級／體重⋯⋯⋯⋯⋯⋯⋯⋯⋯⋯⋯	歷史⋯⋯⋯⋯⋯⋯⋯⋯⋯⋯⋯⋯⋯⋯⋯⋯⋯
・成年組（6個月以上）	至今尚未釐清波蘭兔是如何培育出來的。

頭部 略短且蓬鬆，臉頰與嘴部皆十分豐腴。從側面來看，耳朵根部往鼻子方向的顴骨有個圓弧的曲線，雙眼之間則略呈圓形狀。

耳朵 較小，與身體比例達到平衡。形狀漂亮且毛量多，有一定的厚度，雙耳相接。筆直地立於頭上。

毛 飛背毛。毛細短且濃密，帶有美麗的光澤與光輝。

眼睛 大而圓潤，表情豐富且明亮。

腳 有著細短的腿骨。趾甲與體毛的顏色一致。

尾巴 筆直且與身體毛色一致。

【毛色／眼睛顏色】

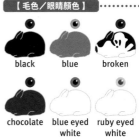

black　　blue　　broken

chocolate　blue eyed white　ruby eyed white

碎斑（broken）是指白色底色中混有所有公認色的紋路。眼睛顏色則是依公認色為準。

整體的身體特徵

身體短小而緊實。腰部豐滿圓潤，比肩部還寬，但不可太寬或呈平坦狀。身體寬度是從腰部往身體中央部位與肩部方向逐漸變窄。頂線從耳朵根部平緩爬升，於腰部中央部位達到最高點，勾勒出流暢的圓弧曲線並延伸至尾巴根部。無論雌雄，只要有肉垂就會喪失參展資格。

紅眼白色是最早出現的顏色，據說並非培育自波蘭（英文名Polish即意指波蘭），很有可能是在德國或英國培育出來的。1860年之前，英國文獻中就已留有相關紀錄。有一說認為是從野兔培育出來的，亦有說法認為是使用白子化的銀兔、道奇兔或喜馬拉雅兔加以改良而成。1912年由麻薩諸塞州的D. E. Dexter進口至美國之後，經ARBA的前身「National pet stock association」承認紅眼白色為公認種。其後，藍眼白色、黑色、巧克力色、藍色與碎斑色等毛色陸續獲得公認，如今紫丁香色已成為最新獲得公認的毛色。目前正致力於讓獺色成為公認色。

毛色變化

藍眼白色

紅眼白色

與荷蘭侏儒兔的差異

波蘭兔可重達1.58kg左右，比體重可達1.13kg
左右的荷蘭侏儒兔整整大上一圈。優良的波蘭
兔會如荷蘭侏儒兔般，從任何角度觀看頭部皆
稍偏橢圓形而非圓形。擺姿勢時，頭部位置不
必太高，維持自然狀態，不接觸地板即可。

左為荷蘭侏儒兔，右為波蘭兔，可看出頭部形
狀與位置的不同。

巧克力色

黑色

碎斑藍色

REX
雷克斯兔

成為迷你雷克斯兔之根源的品種，被譽為兔子之王。
其美麗如天鵝絨般的毛髮
為此兔種最大的魅力所在。

海狸棕色

魅力焦點

原本是為了毛皮用途而培育出來的品種，其美妙的觸感
是其他品種無法與之相提並論的。為大型品種，因此在
日本較不為人所熟悉，小型的迷你雷克斯兔應該比較為
人所知且有更多機會見到。

原產國⋯法國
培育者⋯Monsieur Amedee Gillet
ARBA註冊年⋯1920年代後半
體型⋯圓弧型
評鑑分級／體重⋯⋯⋯⋯⋯⋯⋯⋯⋯⋯⋯⋯
・成年組（6個月以上）

♂⋯3.4～4.31kg　理想體重3.63kg
♀⋯3.63～4.76kg　理想體重4.08kg
・幼年組（未滿6個月）
♂⋯未滿3.63kg　♀⋯未滿3.86kg
♂・♀最低體重皆為1.81kg

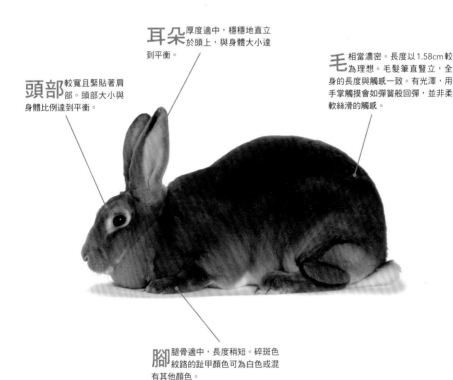

耳朵 厚度適中，穩穩地直立於頭上，與身體大小達到平衡。

毛 相當濃密。長度以1.58cm較為理想。毛髮筆直豎立，全身的長度與觸感一致。有光澤，用手掌觸摸會如彈簧般回彈，並非柔軟絲滑的觸感。

頭部 較寬且緊貼著肩部。頭部大小與身體比例達到平衡。

腳 腿骨適中，長度稍短。碎斑色紋路的趾甲顏色可為白色或混有其他顏色。

整體的身體特徵

此品種的體型具備不少食用肉品種的特徵。有著豐滿圓潤的臀部，以及豐腴的腰部、胸部與肩部。身體與其他部位達到平衡且有足夠高度。頂線從耳朵根部平緩爬升，流暢的圓弧曲線經過腰部中央並延伸至尾巴根部。有光澤且觸感如天鵝絨般的毛質是評價此品種時至關重要的項目。

歷史 ⋯⋯⋯⋯⋯⋯⋯⋯⋯⋯⋯⋯⋯⋯⋯⋯⋯
最早的雷克斯兔是在1919年法國的農民於農園內發現的。法國知名兔子育種家Monsieur Amedee Gillet對這種兔子情有獨鍾，於是在附近搜尋有無其他相同品種的兔子。結果從同一座農園中找到了另一隻，這2隻兔子便成了所有雷克斯兔的基礎。雷克斯兔最初被稱作海狸（beaver，齧齒目動物。法語為castor），之後又改名稱為海狸雷克斯兔（Castor Rex）。雷克斯（rex）在英語裡意指國王。1924年由John C. Fehr與Alfred Zimmerman引進美國並完成註冊。

毛色變化

碎斑黑獺色

紫丁香色

【毛色／眼睛顏色】

| amber | black | blue | broken | tri-colored | californian | castor | chinchilla | chocolate |

| lilac | lynx | opal | black otter | blue otter | chocolate otter | lilac otter | red | sable | seal | white |

碎斑（broken）是指白色底色中混有所有公認色的紋路。眼睛顏色則依公認色為準。
碎斑三色（tri-colored）是指白色底色中摻雜著2種顏色的斑紋。斑紋的組合如下：深黑色×金橙色、薰衣草藍×金黃褐色、深巧克力褐色×金橙色、鴿子灰×金黃褐色。眼睛顏色依純色系為準。

兔子跨欄大賽

起源於歐洲，
專為兔子而設的運動

　　歐洲很盛行一種專為兔子而設的競技運動。就是所謂的「兔子跨欄大賽（Rabbit hopping）」，又稱作「兔子超越障礙賽（Rabbit show jumping）」。在這種競賽中，兔子必須逐一跳過一定數量的障礙。

　　兔子跨欄大賽最早始於1970年代初的瑞典。之後瑞士完善了規則與競賽用品，又在加拿大有了進一步的發展。如今連美國都有無數愛好家熱愛這項運動。最近還有一個ARBA認可的專利俱樂部（參照P229）、名為 The American Hopping Association for Rabbits and Cavies（AHARC）的敏捷協會運作。

越過障礙的
兔子跨欄大賽

　　兔子跨欄大賽活用了兔子的跳躍能力，是一項必須跳過既定跨欄的運動。

　　與馬或狗等跨欄跳的差別在於，兔子參賽時身上會套上挽具與牽引繩。牽引繩的一端握在訓獸師（飼主等牽引兔子的人）手中。亦有年齡限制，至少要出生後4個月以上的健康兔子才能參加比賽。

　　ARBA的集會等場合也會舉辦兔子跨欄表演，現場蹦蹦跳跳越過障礙的眾多兔子一派生氣蓬勃，看起來十分歡樂！難怪世界各地有很多飼主光是看著參賽兔子的模樣，就對這項競賽感到如癡如醉。

　　兔子在參賽前必須先接受跨欄訓練，只要耐心且愉快地與兔子持續練習，應該也能加深與兔子之間的羈絆。兔子跨欄大賽成了兔子與飼主的一種新樂趣，在日本也受到高度矚目。

兔子跨欄大賽的練習會先從跨越擺在地板上的跨欄專用竿開始。同時使用會發出喀嚓聲的響片來進行引導。

在2013年的ARBA兔子展現場所舉辦的兔子跨欄表演。跨欄設計得較容易脫落以防止兔子受傷。

RHINELANDER
維蘭特兔

擁有碎斑三色的毛色、
呈優美全拱狀的體型
以及獨特斑紋的兔種。

黑色

魅力焦點

此品種有2種毛色，以白色為基底，分別配上橙色與黑色或藍色與淡黃褐色斑紋。身體各個部位斑紋的顏色配置與數量都有嚴格的規定。此品種要培育出理想的斑紋困難至極。評審在進行審查時，不僅會觀察兔子身體的動作，還會讓牠們在審核台上自然地奔跑以便看清體側的斑紋。

原產國···德國	培育者···Josef Heintz

ARBA 註冊年···1975 年

體型···全拱型

評鑑分級／體重······

· 成年組（6個月以上）

♂···2.95 ～ 4.31kg　理想體重3.63kg

♀···3.18 ～ 4.54kg　理想體重3.86kg

· 幼年組（未滿6個月）

♂・♀ 最低體重皆為1.47kg

歷史······

維蘭特兔是由德國的 Josef Heintz 所培育，並於1902年首度在展覽上亮相。他讓日系色系的小丑兔公兔與灰色的巨型格紋兔

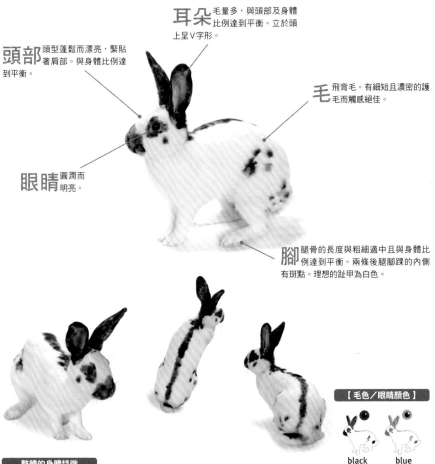

耳朵 毛量多，與頭部及身體比例達到平衡。立於頭上呈V字形。

頭部 頭型蓬鬆而漂亮，緊貼著肩部。與身體比例達到平衡。

毛 飛背毛。有細短且濃密的護毛而觸感絕佳。

眼睛 圓潤而明亮。

腳 腿骨的長度與粗細適中且與身體比例達到平衡。兩條後腿腳踝的內側有斑點。理想的趾甲為白色。

【毛色／眼睛顏色】

black　　blue

整體的身體特徵

身體呈細窄而優美的拱狀。圓潤感十足的軀幹從肩部至後半身呈寬的圓筒狀。因此，肩部與後半身不可過於結實粗壯。流暢的背部線條延伸至渾圓的後半身。此外，此品種的軀幹長度足以優美地展現出拱狀的身體。斑紋與毛色都會經過極為嚴格的審查。例如，理想的雙色側身斑紋必須是6～8個圓型斑點均勻地散布於腰部至臀部，顏色不能混合。此外，斑點若少於3個則為不合格。白毛上的斑紋顏色必須十分清晰。

進行交配，首度培育出有著橙色與黑色斑紋而十分討喜的維蘭特兔。之後又讓這批日系色系的小丑兔公兔與巨型格紋兔結合所生下的公兔與母兔進行交配，誕下最優秀的母兔，再次與日系色系的小丑兔公兔交配，才培育出此品種。標準毛色於1905年在德國獲得認證，並於1923年進口至美國，隔年成為National Breeders and Fanciers Association的公認種。然而，受制於巨型格紋兔的高人氣，於1932年左右在美國消失無蹤。之後又於1972年由加利福尼亞州的Robert Herschbach從西德進口了4隻維蘭特兔，並於1974年成立了The Rhinelander Club of America，此品種於1975年再度成為ARBA的公認種。

SATIN
緞毛兔

擁有能反射光線
而如玻璃般閃閃發亮的美麗體毛，
是於美國培育出來的品種。

紅銅色

魅力焦點

緞毛會反射光線而閃閃發亮，有著如水晶玻璃般的美
感。緞毛的構造與普通毛大相逕庭。其毛髮很細且有層
如玻璃般透明的表皮。緞毛的光輝便是由這種玻璃般的
毛皮反射光線所形成的。毛色以紅色最受歡迎，這種顏
色看起來就像穿著一件沐浴在陽光下會閃閃發亮的金色
洋裝。

原產國…美國	♂…3.86～4.76kg　理想體重4.31kg
培育者…Walter Huey	♀…4.08～4.99kg　理想體重4.54kg
ARBA註冊年…1956年	・青少年組（6個月～8個月）
體型…圓弧型	♂…未滿4.08kg　♀…未滿4.31kg
評鑑分級／體重………………	・幼年組（未滿6個月）
・成年組（8個月以上）	♂…未滿3.63kg　最低體重1.81kg

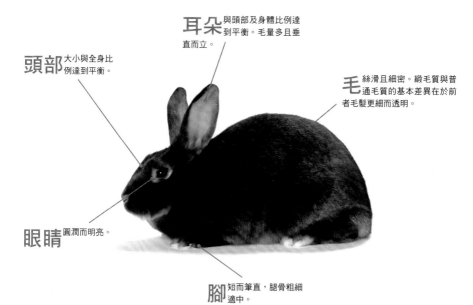

頭部 大小與全身比例達到平衡。

耳朵 與頭部及身體比例達到平衡。毛量多且垂直而立。

毛 絲滑且細密。緞毛質與普通毛質的基本差異在於前者毛髮更細而透明。

眼睛 圓潤而明亮。

腳 短而筆直，腿骨粗細適中。

整體的身體特徵

身高與身體全長幾乎相等。後半身往肩部方向逐漸變窄。頂線從耳朵正後方的肩部開始爬升，於腰部中央部位達到最高點，流暢地勾勒出圓弧曲線並延伸至尾巴根部。背部、腰部與後半身豐腴、流暢且渾圓。

♀…未滿3.86kg　最低體重1.81kg

歷史……………………………………………………
緞毛兔是源自於1934年，在印第安納州Walter Huey的兔舍中所誕下的夏溫拿兔種的基因突變。他將這種具備基因突變毛髮的兔子寄給哈佛大學的遺傳學家，

這名遺傳學家斷定這種全新的基因突變與毛的長度無關，而是單純的隱性遺傳，與體毛光輝及觸感息息相關。1956年有8種毛色獲得ARBA的公認，之後又於1965年前後新增了暹羅色與加州色，還有1985年的碎斑色，紫丁香色則是於2002年成為公認色。

毛色變化

金吉拉色

藍色

【毛色／眼睛顏色】

black　　blue　　broken　　californian　　chinchilla　　chocolate　　copper

black otter　　blue otter　　chocolate otter　　lilac otter　　red　　siamese　　white　　lilac

碎斑（broken）是指白色底色中混有所有公認色的紋路。眼睛顏色則依公認色為準。

196

碎斑黑色

巧克力獺色

加州色

SILVER
銀兔

全身布滿銀色霜紋
而毛色獨特的兔種。
為極其古老的品種之一。

棕色

魅力焦點

特徵在於全身有銀色雜毛均勻摻雜其中，與纖細的身體共同
呈現出獨特的樣貌。銀兔在出生時只有一種顏色，並無雜
毛。出生後4週左右開始於鼻尖與臀部附近長出銀色雜毛，
且從臉部與身體下方逐漸增多，8個月至1年以上便會遍布全
身。成兔的鼻子、趾尖與尾巴若未混有雜毛則會被視為一種
缺陷。ARBA中已註冊的銀兔約為50隻，全世界的飼育數量
也不到100隻，是一種稀有品種。

原產國…英國	♂・♀皆為1.81～3.18kg
培育者…不詳	理想體重2.72kg
ARBA註冊年…1910年	・幼年組（未滿6個月）
體型…袖珍型	♂・♀皆未滿2.27kg　最低體重1.13kg
評鑑分級／體重	
・成年組（6個月以上）	

耳朵 與頭部及身體大小達到平衡。貼附於頭上,有著堅實的根部且厚度十足。

毛 飛背毛。毛短而滑順,緊貼著身體。重要的是全身均勻地長滿了有光澤的銀色雜毛。

頭部 大小適中,與身體比例達到平衡。

眼睛 圓潤明亮而引人注目。

腳 腿骨的長度與粗細適中。趾甲顏色較深,所有腳的趾甲顏色一致。

黑色

淡黃褐色

【毛色／眼睛顏色】

black　　brown　　fawn

整體的身體特徵

身體長度中等,後半身往肩部方向略微變窄。頂線始於耳朵根部,爬升呈平緩的圓弧曲線,經過腰部中央並流暢地延伸至尾巴根部。最大的特徵在於雜毛,被稱作銀環(silver ring),均勻遍布

全身這點至關重要。此外,明亮度也很關鍵,銀環最好清晰且最大限度顯現出與基礎色之間的明暗對比。

歷史

銀兔是最古老的家兔之一,但尚未釐清是源自於哪個國家。至少可追溯至1500年代。葡萄牙的 Sir Walter Raleigh 把這種兔子引進英國,飼養在名為華倫的兔子飼育場。有多份文獻顯示,是由葡萄牙船員從暹羅(泰國)帶來的。

據說早在1900年的「比利時野兔熱潮」之前便已進口至美國,但具體年分不詳。如今許多國家都有飼養,但原始的類型僅存在於美國與英國,且在這兩個國家都是極其罕見的品種。美國家畜品種保護機構(ALBC)已將其註冊為瀕臨絕種物種。目前志在讓藍色成為公認的新色。

SILVER FOX

銀狐兔

酷似銀兔，但身體整整大上一圈，體型粗矮。
有美國重量級銀兔之稱。是誕生於美國的品種。

黑色

魅力焦點

特徵在於全身長滿閃耀著美麗光輝的白色雜毛。雖與銀兔相似，
但體型比較大。與銀兔一樣，出生時全身為黑毛，從第4週左右
開始出現白色雜毛，到了4個月左右會變為與成兔一致的色調。
是已在美國家畜品種保護機構（ALBC）註冊的稀有品種。除了
黑色外，巧克力色也已成為公認色，今後很有可能追加藍色。

原產國…美國　俄亥俄州	♂…4.08～4.99kg　理想體重4.31kg
培育者…Walter B Garland	♀…4.54～5.44kg　理想體重4.76kg
ARBA註冊年…1925年	・青少年組（6個月～8個月）
體型…圓弧型	♂…未滿4.54kg　♀…未滿4.76kg
評鑑分級／體重………………………	・幼年組（未滿6個月）
・成年組（8個月以上）	♂・♀皆未滿4.08kg　最低體重2.04kg

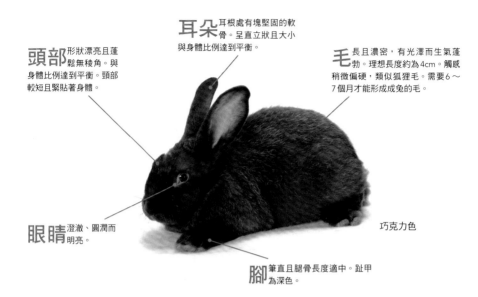

耳朵 耳根處有塊堅固的軟骨。呈直立狀且大小與身體比例達到平衡。

頭部 形狀漂亮且蓬鬆無稜角。與身體比例達到平衡。頸部較短且緊貼著身體。

毛 長且濃密,有光澤而生氣蓬勃。理想長度約為4cm。觸感稍微偏硬,類似狐狸毛。需要6～7個月才能形成成兔的毛。

眼睛 澄澈、圓潤而明亮。

巧克力色

腳 筆直且腿骨長度適中。趾甲為深色。

【毛色／眼睛顏色】

black　　chocolate

整體的身體特徵

身體的長度中等,肩部、胸部與後半身十分豐腴。頂線從頸部根部逐漸爬升,呈平緩的圓弧曲線,於腰部中央部位達到最高點,經過臀部並流暢地延伸至尾巴根部。全身圓潤感十足且滑順,身高幾乎與體寬等長。與銀兔一樣,銀色雜毛(銀環)必須清晰且均勻地遍布全身。銀環過多過少都會是一種缺陷。

歷史
為多用途的品種,可作食用肉與毛皮之用。最初於1925年以美國重量級銀兔(American Heavyweight Silver)註冊為公認品種,但1929年改名為美國銀狐兔(American Silver Fox),後又改為如今的銀狐兔(Silver Fox)。最初公認了黑色與藍色2種毛色,但到了1970年代移除了藍色。培育者Walter B Garland為早期巨型格紋兔的育種家,也有飼育香檳兔,因此推測他為了讓兔子的體型變大而使用了純色系的巨型格紋兔,且為了加入雜毛、毛髮長度與食用肉品種的要素而使用了香檳兔來進行交配。此外,據判很有可能還使用了美洲兔。巧克力色於2021年成為公認色。

SILVER MARTEN
銀貂兔

針對標準金吉拉兔
進行毛色改良所誕下的兔種，
銀白色體毛十分迷人。

巧克力色

魅力焦點

此兔種擁有由銀白色與其他4色所組成的體毛而美麗非
常。外觀清秀，但個性活潑而熱愛四處玩耍。牠很常會去
玩玩具，在美國也是很受歡迎的寵物品種。出生後5週左
右的幼兔右半邊身體會出現絨毛般的軟毛，有對與身體比
例不符的超大耳朵。

原產國…美國
培育者…不詳
ARBA 註冊年…1927 年
體型…圓弧型
評鑑分級／體重……………………
・成年組（6個月以上）

♂…2.72 ～ 3.86kg　理想體重 3.4kg
♀…3.18 ～ 4.31kg　理想體重 3.86kg
・幼年組（未滿6個月）
♂…未滿2.95kg　最低體重 1.47kg
♀…未滿3.4 kg　最低體重 1.47kg

耳朵 直立，與頭部及身體大小達到平衡。耳朵外側的毛色與身體毛色一致。耳朵內側為銀白色。

頭部 長度中等，頸部較短。公兔會較為結實。

毛 飛背毛。所有毛色都必須有光澤。

藍色

腳 筆直且腿骨長度適中。後腳外側與身體的顏色相同，內側則與腹部顏色一致。

【毛色／眼睛顏色】

black blue

chocolate sable

整體的身體特徵

身體的長度中等，有一定的高度且肩部與後半身肌肉發達。肩寬略短於腰部，腰部往肩部方向變窄。頂線從頸部根部平緩爬升，於腰部中央部位達到最高點，並延伸至尾巴根部。當身體蜷曲起來時顯得十分豐腴。從任何角度觀看臀部皆呈渾圓狀。

歷史 ⋯⋯⋯⋯⋯⋯⋯⋯⋯⋯⋯⋯⋯⋯⋯⋯⋯⋯⋯
由標準金吉拉兔基因突變所衍生出的品種。標準金吉拉兔的早期育種家為了改善標準金吉拉兔的毛色與紋路，導入了黑色與黃褐色毛色。結果生下的幼兔開始持有日晒色系的基因。其後又讓帶有黑色與銀色突變基因的兔子之間互相交配，於1924年命名為銀貂兔並展開此兔種的培育。黑色與巧克力色於1927年獲得ARBA的公認並成立了專利俱樂部（參照P229），藍色與黑貂色則分別於1929年與1933年成為公認色。

TAN
黃褐兔

全拱狀的身軀
加上雙色分明的紋路，
是十分優美的兔種。

黑色

魅力焦點

如火焰般深暗的黃褐色（褐色）與明亮有光澤的體毛形成對
比，讓人看了著迷不已。優美的全拱狀體型雅致而美麗，跑
步姿勢十分優雅。黃褐色斑紋會出現在頸後的三角地帶、胸
部、體側交界線至腹部、眼睛周圍、鼻孔、下顎、前後腳、
耳內與位於耳朵根部的冠斑等處。

原產國…英國	♂…1.81～2.49kg ♀…1.81～2.72kg
培育者…不詳	・幼年組（未滿6個月）
ARBA註冊年…1930年代	♂・♀最低體重皆為910g
體型…全拱型	
評鑑分級／體重	
・成年組（6個月以上）	

骨頭 從流暢而優雅的外觀亦可清楚看出骨頭健壯且粗細中等。

毛 飛背毛。毛的粗細中等，觸感絕佳且具有彈性。短而均勻，沿著身體生長。黃褐色毛色的特性在於高雅、光輝有光澤。

腳 前腳較長，足以將身體往上撐起。後腳與後半身等寬，使後半身維持一定的高度。

整體的身體特徵

身體呈全拱狀，短而圓潤，有一定的高度。頂線始於頸部根部較高之處，經過身體中央部位，呈平緩的圓弧狀並延伸至後半身。若從上方觀察身體，後半身往肩部方向稍微變窄，卻不會予人粗壯或凹凸不平的印象。前腳細長，足以抬高軀幹，在身體下方形成一個稱作「daylight」的空隙，打造出苗條而優雅的身體曲線。此外，黃褐色與基礎色涇渭分明的紋路也至關重要。

歷史 ....
原始的黃褐兔為黑色兔種，是1880年代後半生活在英國的一群野兔，人們抓捕並將其馴化後，展開了品種培育。據說之後不久便以炭黑淡黃褐色（燻黑般的淡黃褐色）的母兔與黑色黃褐兔的公兔進行交配，培育出藍色種。那個時期的黃褐兔體型大而粗矮，後來改良成如今這般有著修長軀幹與細骨的兔種。1891年於英國成立了最早的兔子俱樂部。當時僅有黑色與藍色2種毛色，但到了1920年左右培育出巧克力色及後來的紫丁香色。1936年也在美國成立了俱樂部，但在1950年代曾經一度銷聲匿跡，1960年才又恢復運作並且持續至今。

毛色變化

巧克力色

紫丁香色

藍色

【毛色／眼睛顏色】

black　blue　chocolate　lilac

兔子獨特的毛色名稱

毛色名稱取自動物名稱

　　兔子的毛色名稱都是隨意取用，但試著細思其意義，還是有不少名稱獨樹一格。

　　最常見的毛色名稱源自於動物。奶油橙色的身體為底色而腹部呈灰白色的淡黃褐色（fawn）為「小鹿」之意。此外，珍珠白色中混雜著深黑色的金吉拉色（chinchilla）則如其名所示，是取自老鼠的同類且作為寵物也很受歡迎的「南美栗鼠（chinchilla）」。混有藍色與白色的藍松鼠色（squirrel）為「松鼠」之意，又稱作藍金吉拉色。

也出現肉食性動物的名稱

　　有別於印象較為可愛的松鼠、南美栗鼠與小鹿，也會使用感覺較為強勁的動物作為毛色的名稱。由紫丁香色與淡黃褐色交織而成的山貓色（lynx）是指「山貓」。棕褐色漸層十分迷人的黑貂色（sable）是取自鼬鼠的同類「黑貂」。腹部為白色的銀貂色（Silver Marten）意指「貂」或是同為鼬鼠同類的「日本貂」。

　　此外，獺色（otter）是指下顎下方與腹部等處混有與全身毛色呈對比的毛色，取自「水獺」。玳瑁（tortoise）意指「烏龜」、玳瑁色（tortoise shell）為「龜殼」，是如烏龜殼般的褐色。

　　還有暹羅黑貂色、暹羅煙燻珍珠色等「暹羅色（siamese）」名則是取自

「暹羅貓」。毛色如暹羅貓般從深色逐漸變成淺色，是頗具說服力的命名。

「小丑」的毛色充滿特色

　　有些品種取了不同尋常的毛色名稱。比如小丑兔。

　　「日系（japanese）」毛色是意指「日本的」，據說是以日本的旭日旗來命名。可能是因為臉部正中央的毛色一分為二且軀幹上有縱向條紋，令人聯想到紅白交替的旭日旗，故而得名。此外，「喜鵲（magpie）」指的是歐亞喜鵲。「小丑兔（Harlequin）」這個品種名稱即為「小丑」之意，由此可感受到育種家命名的品味。

日系藍色的
小丑兔

藍松鼠色的
荷蘭侏儒兔

黑玳瑁色的
荷蘭垂耳兔

THRIANTA
瑟銀塔兔

特色在於全身如火焰燃燒般的深紅毛色，
為新品種之一。被譽為最紅的兔種。
外貌猶如體型較大且耳朵稍長的荷蘭侏儒兔。

標準色

魅力焦點

此兔的毛色被形容為「如火焰般的豔紅色」，任何品種中都
找不到這種顏色。全身覆滿這種豔紅色的體毛而散發出極
其華麗的氛圍，不過圓圓的臉蛋配上滴溜溜轉的大眼睛，
煞是可愛，屬於相當討喜的療癒系。
在改良其他品種的紅色毛時，會使其與瑟銀塔兔進行雜交
以導入這種毛色。

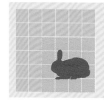

原產國…德國	培育者…H Andreae
ARBA註冊年…2006年	體型…袖珍型

♂・♀皆未滿2.26kg　最低體重1.13kg

評鑑分級／體重
・成年組（6個月以上）
　♂・♀皆為1.81～2.71kg
・幼年組（未滿6個月）

歷史
荷蘭的H Andreae於1938年，以自己擁有
的橙色兔種分別與玳瑁色英國斑點兔、黑
色黃褐兔、夏溫拿兔進行交配，致力於培

耳朵 毛量多且呈直立狀。

頭部 短且蓬鬆，臉頰十分豐腴。公兔會比母兔還要結實。頸部較短。

毛 捲背毛。有足夠的反彈力，無論從哪個方向撫摸逆毛都會流暢地回歸原位。濃密且長度適中。長度約2.54cm為佳。摸起來十分柔軟，不硬、不絲滑，也不像捲毛質。

腳 較短且腿骨長度適中。趾甲為深色。

【毛色／眼睛顏色】

standard

整體的身體特徵

身體短而緊實，十分圓潤。身體長度足以支撐起規定的體重，與全身比例達到平衡。頂線始於耳朵根部，勾勒出平緩的圓弧曲線，經過腰部並流暢地延伸至尾巴根部。從任何角度觀看後半身皆流暢圓潤。身軀豐滿且緊實有肉。全身呈均勻的豔紅色，不過腹部附近的毛色變淡，尾巴內側與眼睛周圍則呈稍亮的顏色。

育瑟銀塔兔。最終，他培育出一種前所未見、明亮且最為深濃的橙色兔種。瑟銀塔兔這個名字取自該品種誕生地荷蘭的地區名稱。1940年於荷蘭獲得公認，但第二次世界大戰爆發，戰後瑟銀塔兔的數量已經減少到寥寥無幾。另一方面，在培育出瑟銀塔兔的同一時期，德國也培育出幾乎一樣的深橙色兔種，名為薩克森金兔（Saxon Gold）。為了改良此兔種的毛色，德國從荷蘭進口了所剩無幾的瑟銀塔兔。其後，這種薩克森金兔反過來從德國紅回荷蘭，1971年於荷蘭培育出標準色，並於1979年再度以瑟銀塔兔之名重獲新生。1980年出口至英國，美國則是於1990年代初才從荷蘭與英國進口，2006年註冊為ARBA的公認品種。

更詳細了解
關於兔子的
血統與遺傳

為了進一步加深讀者對兔子的理解，接下來的內容將會稍微專業一點，逐步詳細介紹兔子的血統、繁殖（交配）方式與遺傳。首先要介紹的是由ARBA等所舉辦的兔子展，逐一認識品種的制定、維持與發展的重要性，以及兔子展的魅力。

　　之所以存在這麼多樣的品種，並非自然發生的，而是人類對兔子的理想體型、毛質與毛色等有一些構想。如果有意繁殖兔子，可千萬不能毫無規劃地讓各種品種進行交配，務必確實擬定繁殖計畫，將「若繁殖數量過多是否能養得起？」、「是否有人可以領養？」等情況都考慮在內，適度地進行繁殖。

去參觀兔子展吧！

何謂兔子展？

　　兔子展是指由專業評審針對育種家與一般飼主所帶來的純種兔進行評估的品評會。日本大部分情況下都是遵循位於美國、全球規模最大的兔子協會 American Rabbit Breeders Association（俗稱為 ARBA）所制定的方式來進行。ARBA 針對各個兔子品種制定了基準並彙整於《Standard of Perfection》一書中。兔子展上會審查這些兔子有多麼接近其品種的審查標準（品種基準）。ARBA 除了會舉辦一年一度最大的兔子展「ARBA 全美兔子大會」外，還會每週為各個品種開辦小型的展會。此外，日本也有 ARBA 的俱樂部會主辦展覽。

兔子展的目的

　　舉辦兔子展是為了維持並發展純種兔。展場上最接近審查標準的兔子會獲得 BOB（Best of Breed，最佳品種獎）。該兔子將會成為育種家的榜樣，將來更容易留下接近審查標準的純種後代。不僅如此，舉辦展覽也是一個讓更多人了解各個品種之審查標準的好機會。此外，兔子展也成為人們相遇之場所。平常很難互相交流的會員可以在展場上相聚，彼此認識並交換近況與資訊。展覽也有助於建立守護純種兔的社區。

審核的方式

　　ARBA 的兔子展會依各個品種分別審

美國很盛行舉辦兔子展。大型展覽上會花費好幾天來審查數萬隻兔子。

核，甚至備有18歲以下的青年區與開放區，並由兔子專家擔任評審來進行展覽上的審核。評審資格不易取得，只會授予通過專業測試的人。

　　展覽當天會按品種與等級分別進行審查。評審會讓兔子擺出各個品種所規定的展示姿勢並逐一進行比較。兔子的飼主或育種家亦可在現場聆聽評審對兔子的口頭評價，但不能對評審的判斷出言干預或質疑。在這輪審查中勝出後，再進入下一輪審查，最終決定出相當於最優秀獎的「Best in Show獎」。

接受審查的兔子會按照品種、毛色、性別與年齡分級分別聚集。

左：為2013年ARBA兔子展的照片。評審不僅會讓兔子擺出展示姿勢，還會檢查趾甲與全身毛色等身體狀態。

下：巨型格紋兔的審查情況。評審會讓巨型格紋兔在審核台上奔跑，從側邊與前面確認其斑紋。

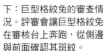

ARBA的兔子展上會設有19歲以上的開放區與18歲以下的青年區。

審查卡的閱覽方式

審查卡（remark card）是指在兔子展上寫下審查紀錄的卡片。兔子展上會將審查內容記錄在這張卡片上，並逐一檢視順序、獲獎內容與經過審查的兔子特徵等。

耳朵編號：Ear No. 刺在左耳的紋身
參賽編號：寫在報名表上的流水編號
參展者名稱：Exhibitor
展覽名稱：兔子展的名稱
品種：Breed
毛色色系：Variety
等級：評鑑分級
Jr.：幼年組
Int.：青少年組
Sr.：成年組
Buck：公兔
Doe：母兔
Fur：毛
各個等級中的參展兔子數與順序等
獎項種類
其他評價

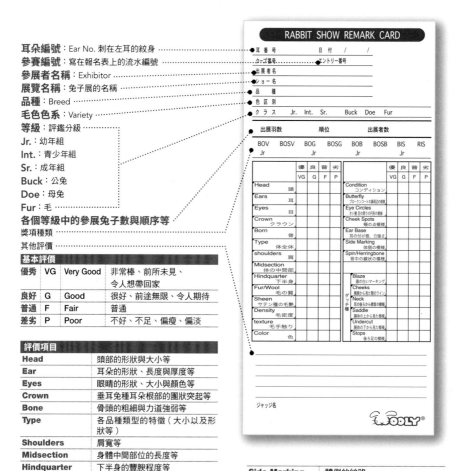

基本評價

優秀	VG	Very Good	非常棒、前所未見、令人想帶回家
良好	G	Good	很好、前途無限、令人期待
普通	F	Fair	普通
差劣	P	Poor	不好、不足、偏瘦、偏淡

評價項目

Head	頭部的形狀與大小等
Ear	耳朵的形狀、長度與厚度等
Eyes	眼睛的形狀、大小與顏色等
Crown	垂耳兔種兔朵根部的團狀突起等
Bone	骨頭的粗細與力道強弱等
Type	各品種類型的特徵（大小以及形狀等）
Shoulders	肩寬
Midsection	身體中間部位的長度等
Hindquarter	下半身的豐腴程度等
Fur/Wool	毛質
Sheen	緞毛種的體毛光澤
Density	毛的密度
Texture	毛的觸感
Color	顏色的好壞
Condition	身體狀態
Butterfly	碎斑色系鼻子周圍的紋路
Eye Circle	海棠兔種等眼睛周圍的圓形紋路
Cheek Spots	英國斑點兔臉頰上的點狀紋路
Ear Base	耳朵根部與穩固程度等

Side Marking	體側的紋路
Spin/Herringbone	背部的線狀紋路
Blazes	道奇兔種、頭上的白色斑紋
Cheeks	道奇兔種、從側臉看過去的下顎線條
Neck	道奇兔種、耳後脖頸處的紋路
Saddle	道奇兔種、從軀幹上方看過去的紋路
Undercut	道奇兔種、從軀幹下方看過去的紋路
Stops	道奇兔種、後腳的紋路

事先了解各部位的英文名稱

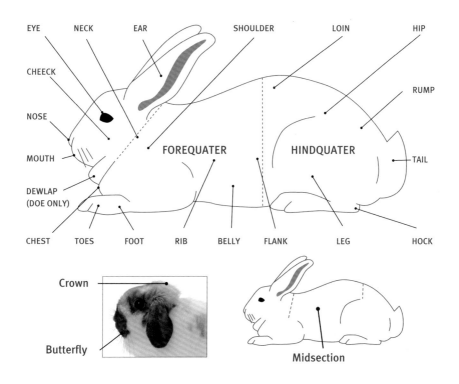

| EYE | NECK | EAR | SHOULDER | LOIN | HIP |

CHEECK

NOSE

MOUTH

DEWLAP
(DOE ONLY)

RUMP

FOREQUATER   HINDQUATER

TAIL

| CHEST | TOES | FOOT | RIB | BELLY | FLANK | LEG | HOCK |

Crown

Butterfly

Midsection

DQ(DISQUALIFICATION) 喪失資格的條件

牙齒：	咬合不正、暫時性咬合不正、斷齒
SEX：	性別錯誤、陰莖分叉、性病、只有單邊睪丸、隱睪症
毛：	毛色不符合標準、底色不符合標準、白毛斑點、白毛過多、未公認色
眼睛：	眼睛顏色不符合標準、有白斑點、眼內有斑點、眼睛疾病
趾甲：	趾甲顏色不一、白趾甲、趾甲有損
手腳：	骨折、有缺陷
體重：	過重、過輕
紋身：	已消失、無法辨識
其他：	荷蘭侏儒兔與海棠兔的肉垂、咬人、凶暴

美國每週都會舉辦大大小小的兔子展。日本也開始會舉辦兔子相關活動，或在ARBA的地方俱樂部的主導下舉辦展覽。為了更了解兔子並增進樂趣，不妨也帶著兔子去參加看看！

關於展示姿勢

在兔子展上接受審查的兔子必須擺出所謂的「展示姿勢」。這種展示姿勢是依各個品種所制定的，其中有些甚至必須每天都要加以訓練。

此外，有些品種若不能擺出展示姿勢，就可能會被排除於審查對象之外。姿勢本身並不難，但是參展前若沒有先練習，是無法擺出正確姿勢的。

正確的展示姿勢與各品種的標準條件，皆記錄於彙整了ARBA公認品種的《Standard of Perfection》一書中。在這裡介紹較具代表性的5個品種之正確展示姿勢。

荷蘭垂耳兔的展示姿勢

前腳腳尖在眼睛下方，後腳腳尖在足跟下方

前腳以放鬆狀態擺在地板上。此時前腳腳尖會落在眼睛下方，後腳腳尖則在足跟正下方。頭部自然地擺在肩部根處。背部如4分之1大小的籃球般勾勒出流暢的曲線。

不可讓身體趴伏，或讓頭部抬得過高而導致前腳腳尖偏離眼睛下方。為了讓身體看起來更緊實，有時會推壓著臀部，呈後腳腳尖抵著前腳的姿勢，但這其實也是錯誤的姿勢。

喜馬拉雅兔的展示姿勢

拉伸呈細長狀，使背肌筆直

喜馬拉雅兔的展示姿勢是利用其細長而呈圓筒狀的身體而呈現伸長狀。重點在於讓身體平行地橫臥於審核台上。不可過度拉伸導致圓筒狀的身體變形。反之，也要避免身體略微拱起導致背肌蜷縮。完美的展示姿勢是讓身體拉伸使背部線條呈筆直狀。

布列塔尼亞小兔
的展示姿勢

拉伸前腳，使背部呈拱狀

　　布列塔尼亞小兔的展示姿勢是所有展示姿勢中格外需要訓練的。這是因為若不能擺出正確的展示姿勢，就會被排除於審查對象之外。

　　首先，將布列塔尼亞小兔擺在審核台上，與自己面對面。將慣用手放在牠的背部以免牠四處活動，大拇指置於其下顎下方。最好留意避免手太過用力而把兔子按壓在審核台上。

　　輕柔地使其站立，好讓趾尖貼著審核台，使前腳呈現完全伸展的狀態。另一隻手則放在兔子的臀部，防止其往後退。

荷蘭侏儒兔
的展示姿勢

體型愈理想則擺姿勢時愈輕鬆

　　荷蘭侏儒兔的展示姿勢與荷蘭垂耳兔一樣，要讓前腳腳尖落在眼睛下方。後腳腳尖則落在臀部最高處的下方。

　　前腳緊貼且直至根部幾乎貼著地面、頭部位置過低或身體過度拉長導致眼睛位置與腳尖未對齊等，以上這些都是錯誤姿勢。若兔子天生肩部位置較高，頭部也落在較理想的位置，便可輕鬆且自然地擺出這種展示姿勢；反之，若天生頭部位置偏低，則無法擺出正確的展示姿勢。

迷你雷克斯兔的展示姿勢

展露4隻腳的趴伏姿勢

　　迷你雷克斯兔的展示姿勢是讓頭部落在審核台低處且前後腳緊貼著地面的趴伏姿勢。此時不能讓身體過度拉伸或蜷縮。避免後腳隱於臀部下方，或突出於臀部之前。臀部下方不應翹起，背部則應勾勒出圓形曲線。

複習一下！兔子的品種系統圖

本章節將各個純種兔的祖先圖示化來加以介紹，不妨試著複習一下培育的過程。
無論哪一種兔子，都是人類經年累月以各種品種進行配種，經過反覆試錯與摸索
後，獲得像ARBA這類兔子協會的公認，才確立了品種。只要了解兔子的祖先便
會發現，如今連荷蘭垂耳兔都有可能繼承了英國垂耳兔等祖先的血統（特徵），
實在很有意思。
若讀者想要了解得更詳細的話，請再讀一次圖鑑頁。

註：照片為示意圖

美國費斯垂耳兔 ［荷蘭垂耳兔 × 英國斑點兔 × 法國安哥拉兔］

解說 > 以荷蘭垂耳兔、英國斑點兔與法國安哥拉兔進
行交配的結果，培育出被稱作 Fuzzy Holland 的長毛型
荷蘭垂耳兔，再彼此配種，培育出如今的美國費斯垂
耳兔。

 × ×

荷蘭垂耳兔　　　　　英國斑點兔　　　　　法國安哥拉兔

緞毛安哥拉兔 ［緞毛兔 × 法國安哥拉兔］

解說 > 以紅銅色的緞毛兔與淡黃褐色的法國安哥拉兔
進行配種，培育出杏色的緞毛安哥拉兔。

 ×

緞毛兔　　　　　　　法國安哥拉兔

海棠兔 [巨型格紋兔 × 佛萊明巨兔 × 維也納兔]

解說 > 以巨型格紋兔 × 佛萊明巨兔 × 白色的維也納兔
（Vienna，體重約5kg。奧地利的古老兔子品種）進行
配種所培育出來的。

巨型格紋兔　　　　　　佛萊明巨兔　　　　　　維也納兔

加州兔 [喜馬拉雅兔 × 標準金吉拉兔 × 紐西蘭兔]

解說 > 以喜馬拉雅兔與標準金吉拉兔進行配種，再以
交配後所誕下的金吉拉色雜種公兔與紐西蘭兔母兔進
行配種所培育出來的。

喜馬拉雅兔　　　　　標準金吉拉兔　　　　　　紐西蘭兔

肉桂兔 [金吉拉兔種 × 紐西蘭兔 × 巨型格紋兔]

解說 > 先以金吉拉兔種（確切種類不明）的母兔與紐
西蘭兔的公兔進行配種，再以交配後所誕下的雜種公
兔與巨型格紋兔母兔進行配種所培育出來的。

金吉拉兔種　　　　　　紐西蘭兔　　　　　　巨型格紋兔

侏儒海棠兔

[海棠兔×荷蘭侏儒兔（紅眼白色）×荷蘭侏儒兔（海棠斑紋）]
[荷蘭侏儒兔（海棠斑紋）×荷蘭侏儒兔（紅眼白色）×荷蘭侏儒兔（黑色）]

解說 > 東德的育種家以海棠兔的公兔與紅眼白色荷蘭侏儒兔的母兔進行配種，誕下有著海棠斑紋的荷蘭侏儒兔（如侏儒海棠兔般眼睛周圍有斑紋的荷蘭侏儒兔，但下層毛色不符合標準）。另一方面，西德的育種家以有海棠斑紋的荷蘭侏儒兔與紅眼白色的荷蘭侏儒兔、黑色的荷蘭侏儒兔進行交配，培育出近似侏儒海棠兔的兔種。這兩種兔種互相交配後，成功培育出侏儒海棠兔。

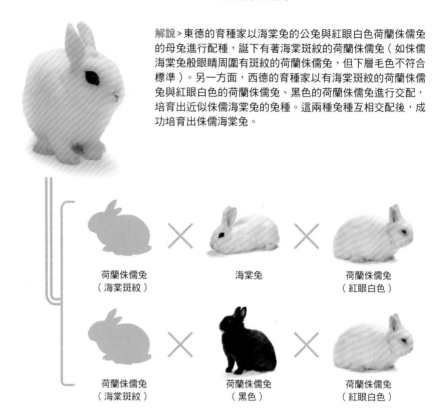

荷蘭侏儒兔
（海棠斑紋）

海棠兔

荷蘭侏儒兔
（紅眼白色）

荷蘭侏儒兔
（海棠斑紋）

荷蘭侏儒兔
（黑色）

荷蘭侏儒兔
（紅眼白色）

佛州大白兔 [道奇兔×波蘭兔×紐西蘭兔]

解說 > 以白子化的道奇兔、白色波蘭兔與小型白色的紐西蘭兔進行配種所培育出來的。

道奇兔

波蘭兔

紐西蘭兔

荷蘭垂耳兔

[法國垂耳兔 × 荷蘭侏儒兔 × 英國垂耳兔 × 荷蘭侏儒兔 × 安哥拉兔種]

解說 > 以法國垂耳兔的公兔與白色荷蘭侏儒兔的母兔進行交配，再以其誕下的幼兔的母兔與英國垂耳兔的公兔交配。以交配後所誕下的幼兔再與荷蘭侏儒兔及安哥拉兔種（確切種類不明）交配，培育出如今的荷蘭垂耳兔。

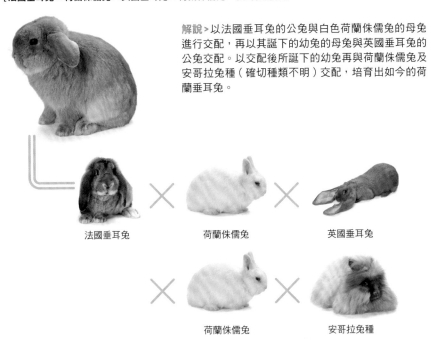

法國垂耳兔 × 荷蘭侏儒兔 × 英國垂耳兔

荷蘭侏儒兔 × 安哥拉兔種

澤西長毛兔 [法國安哥拉兔 × 荷蘭侏儒兔]

解說 > 以法國安哥拉兔與荷蘭侏儒兔進行配種所培育出來的。

法國安哥拉兔 × 荷蘭侏儒兔

拉拿兔 [比華倫兔 × 夏溫拿兔]

解說 > 以法國安哥拉兔與荷蘭侏儒兔進行配種所培育出來的。

法國安哥拉兔 × 荷蘭侏儒兔

迷你緞毛兔 [夏溫拿兔 × 緞毛兔 × 荷蘭侏儒兔]

解說 > 以夏溫拿兔基因突變所產生的小型緞毛兔與荷蘭侏儒兔進行配種所培育出來的。

夏溫拿兔 × 緞毛兔 × 荷蘭侏儒兔

荷蘭侏儒兔 [道奇兔 × 波蘭兔 × 野生穴兔]

解說 > 道奇兔基因突變所產生的波蘭兔,偶然與野生穴兔交配所培育而成。

道奇兔 × 波蘭兔 × 野生穴兔

銀狐兔 ［巨型格紋兔 × 香檳兔 × 美洲兔］

解說 > 以巨型格紋兔與香檳兔進行配種，一般認為其中還用了藍色美洲兔來配種。

巨型格紋兔　　　　香檳兔　　　　美洲兔

Mini Column

起源不明的各種兔子

有些兔子的起源至今尚未釐清。身體細長且點狀斑紋令人印象深刻的英國斑點兔，不僅是牠的起源，連培育過程的細節都不詳。不過據說從其紋路推斷可能是從有著白色斑點的野生種培育出來的。

有著圓筒狀身體的喜馬拉雅兔是世界上最古老的品種，牠的身世也一直壟罩在迷霧之中。有一說認為，如其名所示，這種兔子是來自於喜馬拉雅山脈地區，不過牠們另外還有俄羅斯（Russian）、埃及（Egyptian）、中國（Chinese）等20多個名稱，究竟起源於哪個國家尚未可知。

除此之外，儘管銀兔、英國垂耳兔與香檳兔等品種也是自古以來就被人們所飼育，但是牠們的起源也不明確。唯一可以確定的是，各式各樣的兔子從古代就已經被當作家畜飼養，並逐步加以改良品種。雖然未留下過去的紀錄，但至今仍持續經由無數育種家之手進行飼育與交配以維持其血統。

英國安哥拉兔

喜馬拉雅兔

英國斑點兔

關於穴兔的生態

像荷蘭垂耳兔、荷蘭侏儒兔等與我們一起生活的寵物兔，皆是以歐洲的穴兔改良所培育出來的。為了更加了解作為人類夥伴的兔子，一起來探究穴兔的生活吧。

穴兔的住所與
生活區域

野生穴兔會在地面挖掘巢穴並生活其中。家兔喜歡挖洞便是因為這個緣故。巢穴深處會有條複雜的長隧道延展開來，深處還打造了孕育幼兔的育兒室。為了孕育幼兔，母兔會出於本能地拓寬隧道以打造出舒適的住所，試圖保護自己的育兒室。因此，家兔中的母兔至今在飼育籠內等處都會有強烈的守護地盤意識。

穴兔的行動範圍是以巢穴為中心、半徑150～200m之內。這點和生活在戶外的野兔有所不同，對穴兔而言，巢穴即生活的中心，並在該處進進出出。

無論公兔還是母兔都各有各的勢力範圍，且彼此的地盤會互相重疊。尤其是公兔的勢力範圍會比母兔還要大，因此會與多隻母兔的地盤有所重疊。公兔之間的勢力範圍有時也會重疊，到了春天的繁殖季節，便會為了捍衛地盤而到處標示氣味並展開激烈的搶地盤大戰。

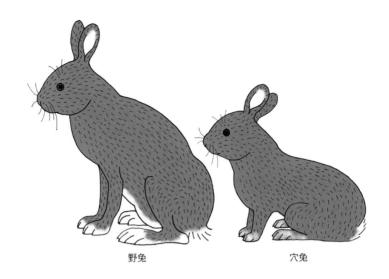

野兔   穴兔

穴兔的身體
隨著生活逐漸進化

　　試著比較野兔與穴兔的身體，穴兔的特徵一目了然。相較於以長腿在山野間四處奔跑的野兔，穴兔的腿偏短。一般認為是因為這樣的體型較方便挖掘隧道。穴兔的耳朵也比野兔還要短，即便生活在隧道中也不會礙事。

　　野兔與穴兔的心臟也有所不同。野兔的活動量比穴兔還要大，因此穴兔的心臟較小。此外，以心臟重量對體重的比例來說，穴兔為0.3％，野兔則是1.0～1.8％，兩者相差甚鉅。

穴兔的成長與冬季

　　從不列顛群島穴兔的相關研究可以看出，穴兔的成長與冬季的來臨息息相關。

　　穴兔在出生後，平均體重會持續增加，並於1歲左右達到巔峰。這個時期的

健康狀態也是最好的，可輕鬆且安穩地度過第一個冬季。

　　然而，在春末時期出生的兔子將會在年紀還小而身體尚未發育完全的時期，就迎來第一個冬天。相較於出生後18個月的成熟兔子，幼兔的體重極輕，不足其3分之1。身體並未囤積脂肪，即便囤積了，脂肪層也偏薄。因此，相較於已經長大的兔子，春末出生的兔子在第一個冬天比較容易會生病。

建立母系社會
並群體而居

　　穴兔基本上是群居動物。1～3隻成年公兔與1～5隻成年母兔會一起生活在有多個洞穴的築巢地（稱為「warren」）。

　　成群的公兔中有明確的上下關係，但在繁殖期經常會發生地位爭奪戰，因為地位高的公兔可以跟好幾隻母兔交配。母兔之間也有地位之分，但排名不像公兔那般

明確。地位高的母兔可以在較適合居住的舒適巢穴中養育後代。

此外，穴兔是母系社會。年幼的母兔在長大後仍會留在築巢地中，年幼的公兔長大後地位會下降，並逐一離開築巢地。

年輕公兔的流浪生活與建立新築巢地

離開築巢地的年輕公兔會四處尋找食物與棲身之所。最終會挖掘新巢穴或找到閒置不用的築巢地並在其中生活，但有些情況下則會遭到肉食性動物攻擊而喪命。

流浪在外的年輕公兔最終會在新的地方邂逅母兔，在沒有其他公兔干擾的情況下，會與該母兔交配並一起生活。在母兔懷孕的同時，會開始挖掘新巢穴，新的築巢地於焉而生。當然也會在新的築巢地裡建立母系社會。

此外，流浪在外的年輕公兔若因為弱小而未能找到與自己相伴的母兔，便會獨自生活；反之，若年輕公兔身強體壯，有時會與其他公兔爭鬥並奪取該公兔的築巢地。過了繁殖期後，這類地盤爭奪戰會逐漸減少。

穴兔懷孕與胎兒的重新吸收

野生穴兔會在夏末～初春之外的季節進行繁殖。懷孕的母兔會將枯草等搬進巢穴深處的育兒室並築巢。接近臨盆時，還會從自己的胸部與腹部拔毛，鋪在窩裡打造成柔軟的床。

幼兔是在無毛的狀態下誕生，多虧母兔的毛床才得以保溫。因腹部的毛被拔掉，母兔的乳頭會露出來，即便是尚未開眼的幼兔也能輕鬆找到。

穴兔是生活在築巢地中

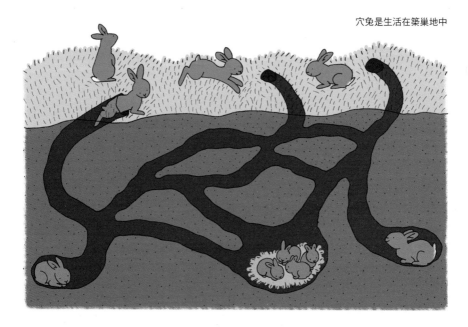

用枯草或
自己的毛
來築巢

對穴兔而言，築巢地是可以安心的空間

懷孕中的母兔一旦感受到強大的壓力
或是陷入飢餓狀態，身體就可能會吸收掉
胎內的幼兔與胎盤組織。這種胎兒的重新
吸收是為了在良好環境中孕育幼兔的一種
自然機制。

穴兔在歐洲的天敵

穴兔在歐洲的天敵包括狐狸、狼、郊
狼、山貓、狼獾、狗等。然而，健康的成
年穴兔很難捕捉，因為牠們在面對天敵時
會敏捷地逃脫或逃進巢穴裡。

年輕的幼兔或生病的穴兔較常被這些
天敵捕獲。以結果來說，這些弱小的穴兔
被抓而比較沒有機會繁殖後代。換言之，
一般認為這樣有助於確保種族裡唯獨留下
強健且具生存能力的穴兔。

血統為何物？

血統是守護品種的關鍵

如今人類所飼養的兔子是依食用肉、毛皮與賞玩等用途，以野生穴兔進行品種改良所孕育出的生物。據說目前世界上約有200個品種，有長毛種與短毛種、垂耳與立耳、個性活潑或溫順、體型大至小，特徵多樣紛呈。

此外，所有的兔子品種皆由ARBA等知名的兔子俱樂部規定其細部的特徵。尤其是ARBA，還附加了「至少3代皆須繼承該品種之特質」的條件。這種三代以上皆被認定為同一品種的血統即稱作「純種」，意指純粹的血統。

之所以每個品種都制定如此詳細的特徵與條件，是為了讓依用途所培育出的品種繁衍後代，將品種傳承至未來。倘若不守護品種，任由兔子之間隨意交配，可能會逐漸喪失該品種所具備的特徵，逐漸回歸如穴兔般的樣貌。為了讓兔子品種維持其特徵，必須讓純種兔之間進行配種來守護血統。

品種改良與血統之間的關係

一般認為人類將兔子品種加以改良，是在開始飼養兔子的西元前750年後的羅馬時代開始的。品種改良是讓具備理想特徵的兔子經過多代配種，以孕育出具備全新特徵的品種。因此，古老品種的兔子在品種確立之前的血統並不明確，但人們對近幾年才培育出的荷蘭侏儒兔、荷蘭垂耳兔與澤西長毛兔等新品種，牠們是以哪些品種互相配種而成等血統的細節都瞭如指掌（參照P218～223）。

荷蘭侏儒兔

荷蘭垂耳兔

澤西長毛兔

英國安哥拉兔

布列塔尼亞小兔

道奇兔

血統不明的品種

血統不明的品種無非是一些在古老時代培育出的品種。沒有詳細的文件與資料，因此無法明確掌握是以哪些兔子互相配種而創造出該品種。

據說安哥拉兔是最古老的品種。其起源眾說紛紜，但都尚未釐清。一般推測是從其出生地土耳其的安卡拉引進法國。後來又進口至美國，直到20世紀中葉才以英國安哥拉兔與法國安哥拉兔之姿獲得ARBA的品種認定。

除此之外，在英國遠古時代培育出的布列塔尼亞小兔、1800年代中葉以後在法國培育出來的奶油兔、1850年左右起源於荷蘭的道奇兔等，原始血統也不明。目前則由ARBA等兔子俱樂部制定其特徵，守護並培育純種兔。

Mini Column

關於專利俱樂部
ARBA所認可的兔子俱樂部即稱作「專利俱樂部（charter club）」。認可的條件包括由6人以上的人員經營，並正式舉辦兔子展與學習會等活動。美國擁有最多專利俱樂部且盛行各種活動。兔子展自然不在話下，還會舉辦學習會與飼育專業諮詢，甚至實施兒童飼育兔子教育計劃。專利俱樂部不僅是為了飼主而設的聚會，還肩負一項重要的任務，即培育將來會成為兔子飼主的兒童們之認知。
橫濱港灣兔子俱樂部（俗稱YBRC）與日本兔協（NIPPON RABBIT CLUB，俗稱NRC）是日本認可的專利俱樂部。活動以舉辦兔子展為主。如今已普遍將兔子作為寵物來飼養，期望往後在日本的活動能有所擴展。

由YBRC所舉辦的兔子展的實況。可近距離觀察身為兔子專家的評審如何進行審查。

由專利俱樂部舉辦的兔子展也是由持有ARBA執照的專業評審來負責審查的。

關於兔子的血統書

保證血統的血統書

血統書即血統的保證書。原本是為了繁殖兔子的人而記錄兔子的親代與祖代的特徵，以便推測該兔子長大後的樣貌。只要掌握兔子的親代、祖代與曾祖代的體型與毛色，即可推測出將來會長成什麼樣的兔子。此外，倘若親代與祖代皆為同品種，該兔子便可視為純種，與其他兔子進行配種。

即便純種兔並非用於繁殖而是接回來作為寵物，仍會附上血統書。對於不進行繁殖的人而言，血統書是一種「品種保證書」。此外，只要觀察其親代、祖代與曾祖代的體重，應該也能判斷接回來的幼兔將會長得多大。血統書中大多會記錄前3代兔子出生的兔舍名稱，因此可以了解接回來的兔子之來歷。此外，日本大部分的兔子專賣店會在飼主接回兔子後數週至1個月左右才完成血統書。這是因為血統書中有些欄位必須填入飼主的名字與住址等。收到血統書後，最好確認一下血統書中所寫的耳朵編號是否與兔子左耳上的耳朵編號一致。耳朵編號不符的血統書便無法保證接回來的兔子之血統。倘若編號有誤，最好立即聯絡購入的店家，要求重新補發。

血統書的種類與繁殖證明書

有一些店家也會提供「ARBA式血統書」，但是這只不過是寫有該兔子與親代、祖代、曾祖代的體型大小與毛色等，與ARBA相同格式的血統書。此外，有些店家是發行「繁殖證明書」來替代血統書。繁殖證明書是記載該兔子的親代、祖代與曾祖代相關資訊的文件，而非用來保證純種性。甚至有些兔子沒有耳朵編號，其純種保證的可信度也會低於血統書。

血統書的範例

右頁的血統書是荷蘭侏儒兔的血統書，毛色為巧克力色、性別為公兔。往上追溯3代至曾祖父母，記載著名字、毛色與體重等資料。這隻兔子的父親為巧克力色、母親為紫丁香獺色，父輩的祖父為巧克力獺色、祖母為淡黃褐色，母輩的祖父母則分別為藍獺色與巧克力獺色。由此可知，曾祖父母帶有巧克力獺色、巧克力色、蛋白石色、藍獺色與黑色。從這些資料稍微可以推測出這隻兔子具備什麼樣的毛色基因。那麼，接下來將於232頁介紹詳細的血統書的閱覽方式。

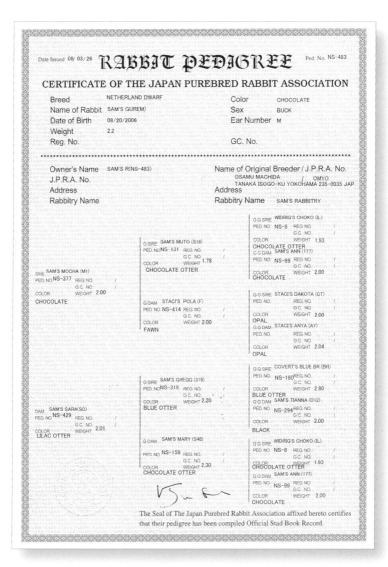

Date Issued 08/ 03/ 26 **RABBIT PEDIGREE** Ped. No. NS-483

CERTIFICATE OF THE JAPAN PUREBRED RABBIT ASSOCIATION

Breed	NETHERLAND DWARF	Color	CHOCOLATE
Name of Rabbit	SAM'S GURI(M)	Sex	BUCK
Date of Birth	08/20/2006	Ear Number	M
Weight	2.2		
Reg. No.		GC. No.	

Owner's Name SAM'S R(NS-483)
J.P.R.A. No.
Address
Rabbitry Name

Name of Original Breeder / J.P.R.A. No.
OSAMU MACHIDA / OMYO
TANAKA ISOGO-KU YOKOHAMA 235-0035 JAP
Address
Rabbitry Name SAM'S RABBITRY

SIRE SAM'S MOCHA (M1)
PED. NO. NS-377 REG. NO. /
G.C. NO. /
COLOR WEIGHT 2.00
CHOCOLATE

- G SIRE SAM'S MUTO (S18)
  PED. NO. NS-131 REG. NO. /
  G.C. NO. /
  COLOR WEIGHT 1.78
  CHOCOLATE OTTER

  - G.G.SIRE WIDRIG'S CHOKO (IL)
    PED. NO. NS-8 REG. NO. /
    G.C. NO. /
    COLOR WEIGHT 1.93
    CHOCOLATE OTTER
  - G.G.DAM SAM'S ANN (177)
    PED. NO. NS-99 REG. NO. /
    G.C. NO. /
    COLOR WEIGHT 2.00
    CHOCOLATE

- G DAM STACI'S POLA (F)
  PED. NO. NS-414 REG. NO. /
  G.C. NO. /
  COLOR WEIGHT 2.00
  FAWN

  - G.G.SIRE STACI'S DAKOTA (GT)
    PED. NO. REG. NO. /
    G.C. NO. /
    COLOR WEIGHT 2.00
    OPAL
  - G.G.DAM STACI'S ANYA (AY)
    PED. NO. REG. NO. /
    G.C. NO. /
    COLOR WEIGHT 2.04
    OPAL

DAM SAM'S SARA(SO)
PED. NO. NS-429 REG. NO. /
G.C. NO. /
COLOR WEIGHT 2.01 /
LILAC OTTER

- G SIRE SAM'S GREGG (319)
  PED. NO. NS-319 REG. NO. /
  G.C. NO. /
  COLOR WEIGHT 2.20
  BLUE OTTER

  - G.G.SIRE COVERT'S BLUE BR (BR)
    PED. NO. NS-180 REG. NO. /
    G.C. NO. /
    COLOR WEIGHT 2.80
    BLUE OTTER
  - G.G.DAM SAM'S TIANNA (D12)
    PED. NO. NS-294 REG. NO. /
    G.C. NO. /
    COLOR WEIGHT 2.00
    BLACK

- G DAM SAM'S MARY (S46)
  PED. NO. NS-159 REG. NO. /
  G.C. NO. /
  COLOR WEIGHT 2.30
  CHOCOLATE OTTER

  - G.G.SIRE WIDRIG'S CHOKO (IL)
    PED. NO. NS-8 REG. NO. /
    G.C. NO. /
    COLOR WEIGHT 1.93
    CHOCOLATE OTTER
  - G.G.DAM SAM'S ANN (177)
    PED. NO. NS-99 REG. NO. /
    G.C. NO. /
    COLOR WEIGHT 2.00
    CHOCOLATE

The Seal of The Japan Purebred Rabbit Association affixed hereto certifies
that their pedigree has been compiled Official Stad Book Record.

巧克力色　　　紫丁香獺色

父母

巧克力色

孩子

231

血統書的閱覽方式

※這是繁殖用兔種的血統書。
※格式依兔子專賣店而異，亦有橫式的血統書。
此外，有些情況下，兔子保證特徵會記載於左側。無論哪一種格式，只要記載內容一致且有耳朵編號便是有效的。

RABBIT PEDIGREE

CERTIFICATE OF THE JAPAN PUREBRED RABBIT ASSOCIATION

❶ Date Issued 08/ 03/ 26　　❷ Ped. No. NS-483

❸ Breed　　NETHERLAND DWARF　　❽ Color　　CHOCOLATE
❹ Name of Rabbit　SAM'S GURI(M)　　❾ Sex　　BUCK
❺ Date of Birth　08/20/2006　　❿ Ear Number　M
❻ Weight　　2.2
❼ Reg. No.　　⓫ GC. No.

❿ Owner's Name　SAM'S R(NS-483)　　⓰ Name of Original Breeder / J.P.R.A. No.
⓭ J.P.R.A. No.　　OSAMU MACHIDA　　OMYO
　　TANAKA ISOGO-KU YOKOHAMA 235-0035 JAP
⓮ Address　　⓱ Address
⓯ Rabbitry Name　　⓲ Rabbitry Name　SAM'S RABBITRY

---

❶**Date Issued**　標示血統書的發行日期。
❷**Ped.No.**　血統書的流水編號。在作者所經營的「兔子的尾巴」上通常只會標示數字，唯有繁殖用的兔子才會標示品種＋數字。這種情況下，「NS」是荷蘭侏儒兔的縮寫。
❸**Breed**　標示品種名稱。
❹**Name of Rabbit**　育種家為兔子取的名字。一般在育種家或兔舍名稱縮寫的後面標示兔子的名字。兔舍（rabbitry）是指專家進行育種工作的場所。
❺**Date of Birth**　此血統書中的兔子的出生日。
❻**Weight**　兔子的體重。以磅來表示。1磅＝約453.6g。
❼**Reg.No.**　Reg是registration的縮寫。ARBA公認品種的純種兔經過嚴格審核後，向ARBA提出註冊申請之舉即為「registration」。Reg. No. 便是註冊時所賦予的編號。日本大部分的兔子並未註冊ARBA，故此格空白。
❽**Color**　毛色。
❾**Sex**　雌雄。buck指公兔，doe則是母兔。
❿**Ear Number**　左耳（人與兔子面對面時的右側）上的編號。由育種家使用英文字母與英文數字來標註。取得血統書後，應確認兔子的耳朵編號是否與這份血統書所載的編號一致。

⓫**GC.No.**　GC. 是英文Grand Champaign（超級冠軍）的縮寫。超級冠軍會頒發給在ARBA的審核展上至少獲得3個獎項的兔子。條件是這3個獎項中至少有2項是由不同評審所頒發，且至少1項是在成年組或青少年組中取得。
⓬**Owner' s Name**　標示新飼主的名字。
⓭**J.P.R.A.No.**　J. P. R. A是Japan Pure Rabbit Association的縮寫。由作者所經營的「兔子的尾巴」所成立。
⓮**Address**　飼主的地址。
⓯**Rabbitry Name**　新飼主若是兔舍的經營者，便會在此格標註兔舍名稱。若是作為寵物飼養則空白。
⓰**Name of Original Breeder**　標示繁殖這隻兔子的育種家的名字。
⓱**Address**　標示繁殖此兔子的育種家的住址。
⓲**Rabbitry Name**　標示繁殖這隻兔子的育種家的兔舍名稱。
⓳**SIRE**　父親欄。後面標示著兔舍名稱。以「兔舍's 名字」的方式標註。（ ）內是耳朵編號。
⓴**DAM**　母親欄。後面標示著兔舍名稱並標註耳朵編號。
㉑**G.SIRE**　祖父欄。G為Grand的縮寫。G. G. SIRE意指曾祖父。後面標示著兔舍名稱並標註耳

朵編號。

㉒G.DAM　祖母欄。G為Grand的縮寫。G. G. DAM意指曾祖母。後面標示著兔舍名稱並標註耳朵編號。

㉓PED.NO.　兔子在兔舍中的註冊編號。

㉔ REG.NO. GC. NO.　ARBA註冊編號與ARBA展覽上的超級冠軍編號。有則標註，無則空白。

㉕ COLOR　兔子的父母、祖父母與曾祖父母的毛色一目了然。

㉖ WEIGHT　記錄了以磅來表示的體重。1磅＝453.6g。

㉗簽名　育種家的簽名。

㉘末段文字的翻譯　「The Japan Purebred Rabbit Association」的血統書上附加一段文字，保證該血統已列入官方的紀錄之中。

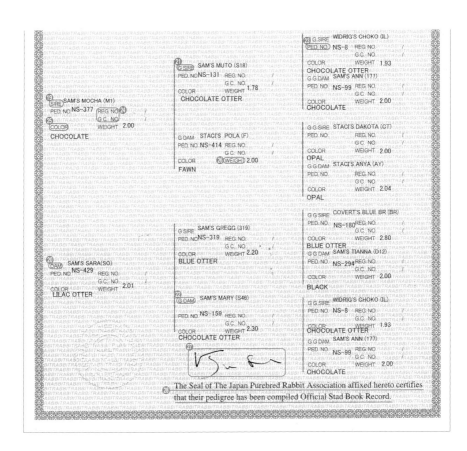

關於兔子的育種作業（繁殖）

先思考繁殖的目的

進行純種的育種作業時，請先仔細思考育種之目的。舉例來說，如果是出於「想看看自己的寵物兔所生下的孩子」這種理由而進行育種，就沒必要把兔子品種的等級考慮在內。不過要考慮到對方是否有遺傳問題，以及年齡是否適合繁殖，此外，還應為出生幼兔的將來做打算並打造一個適切的環境。然而，母兔懷孕與生產有時伴隨著很高的風險，而且並不是所有幼兔都能健康地出生。還有兔子分娩時常會發生死產現象也是不爭的事實。在付諸行動前請先思考，讓自己的兔子生產真的會幸福嗎？

培育展示用的兔子是為了讓原有的品種更具魅力

如果是被某個品種的魅力所吸引而想挑戰以該品種參加兔子展，或是即便不參展也想讓原有品種更添魅力，這樣的話應該先從充分了解該品種著手。目前已針對各個品種分別制定了一套詳細的審查標準（品種基準）。舉例來說，ARBA有出版一本名為《Standard of Perfection》的書，收錄了已獲得公認品種的所有審查標準，並以這套標準為基礎來進行育種工作。然而，這些審查標準大多沒有品種的照片與圖解等，僅以文字來解說，因此只閱讀這些敘述會難以充分理解該品種。因此應觀察大量的兔子，並請教經驗豐富的優秀育種家等，再讓自己的育種專案（繁殖計畫）付諸實行。

實際上的育種工作可以分為以下3種方式。

①異系繁殖（outbreeding）

毫無血緣關係之親代間的繁殖。以品種特徵較為顯著的親代進行交配較為理想。有可能生出與親代一樣甚至更好而具備優良特質的幼兔，不過也有可能生出與親代毫無相似之處的幼兔。此外，每一次的繁殖會生出什麼樣的幼兔有時候也無法預測。

②近親繁殖（inbreeding）

血緣關係相近的親代之間的繁殖。比如以兄弟姐妹、父與女、母與子或表兄弟等反覆進行配種。在這樣的情況下，是一種繼承父母雙方優良特徵的好方法，但有時也會繼承雙方的不良基因。此外，持續近親繁殖容易出現身體上的缺陷，也有可能導致整個血緣系統喪失活力。

③系統繁殖（linebreeding）

系統繁殖是近親繁殖的一種，與近

親繁殖一樣是強化並加固親代特徵的方式，但情況有好有壞。這種繁殖方式是讓「特殊兔」（具備格外優異的特徵或育種家希望傳承下來的特徵）頻繁用於育種專案（繁殖計畫），其結果是所有後代子孫都與共同的祖先有著相近的血緣關係。因此，這個「特殊兔」必須慎重挑選，否則也有可能在育種過程中繼承了不理想的特徵。這裡所說的「特殊兔」，必須是無論雌雄都更接近目前的審查標準，且育種家本身強烈希望「培育出與該兔子一樣的兔子」。系統繁殖的其中一例便是採取讓父女交配所生下的母兔再次與父親（這裡相當於祖父）交配的方式。

這3種方式只要搭配得當，便可培育出優秀的展示兔。然而，在近親繁殖中，僅限於兄弟姊妹都很出色且毫無缺陷的情況下，才能以手足進行近親交配。這是因為雖然可能遺傳強大而優良的特徵，卻也有可能遺傳到不良的特徵，唯有經驗與知識都很豐富的育種家才能讓兔子只繼承優良的特徵。這點在以父女或母子來進行近親繁殖的情況下也適用。

培育更加理想的兔子

系統繁殖是近親繁殖的一種，也是最安全且最常使用的繁殖方式。此法乍看之下與近親繁殖並無不同，但兩者的差別在於「特殊兔」會頻頻出現在血統書中，且所有後代子孫都是這種「特殊兔」的近親。採用的「特殊兔」會因育種家的思維而異，不過大部分情況下是公兔，從頗負盛名的育種家手中取得與這隻公兔同血統的母兔（1至2隻）後，即可展開系統繁殖。由雙親交配所得到的母兔與其父配種後，生下孫子，再與相當於祖父的公兔交配。透過如此反覆交配，即可使其後代繼承與「特殊兔」（公兔）共同的性狀。此為方法之一，具備共同祖先（「特殊兔」）的近親之間的交配也包含在系統繁

殖中。此外，此法的另一個重要作用是，一旦在系統繁殖中發現隱性的基因缺陷，便進行試驗性配種，經確認之後再予以排除。系統繁殖的體系便是這般形成的，是具有一定程度共同性狀的血統（系統）。創建可培育出優秀展示兔的獨立體系成為育種家的夢想。

異系繁殖是用來導入系統繁殖中所缺乏的優秀性狀。讓毫無血緣關係的兔子與在傳統體系下誕生的兔子進行交配，好讓生下的子孫更為出色。舉例來說，若希望頭部變得更大，便尋找該體系內的兔子所沒有的大頭部兔子來交配，創建能生出大頭部兔子的體系。

育種家便是透過這樣的方式，聽取並確認展覽上對自家兔子的評價與其他育種家的意見，進一步導入當代審查標準的解讀，逐步培育出理想品種的型態。

＊在展覽上獲得高度評價的各種兔子＊

| 荷蘭垂耳兔 | 法國安哥拉兔 | 布列塔尼亞小兔 |
| （黑玳瑁色） | （淡黃褐色） | （紅眼白色） |

※為 2009 ARBA National Convention 時的評價。

配種的方式

培育出更搶手的品種

　　人們持續培育更搶手的品種，因而有如今這般多樣的品種。原本是以穴兔進行品種改良，再將生下的後代做進一步的改良，藉此培育出用途多樣的品種。讓具備人類所期望之特徵的兔子進行交配，兔子的品種改良透過這樣的方式便能有所進展。人們至今仍致力於讓有著美麗毛色或是理想體型的兔子進行配種以留下優秀的子孫。

　　舉例來說，橙色荷蘭垂耳兔的色調比荷蘭侏儒兔還要接近褐色。不過讓顏色較漂亮的荷蘭垂耳兔之間進行交配，將來有可能形成更美麗的毛色。

　　此外，為了更有效率地進行交配，育種家所匯集的母兔數量通常比公兔還要多。換言之，繁殖用公兔會擁有比繁殖用母兔還要多的幼兔。因此，公兔大多會經過比母兔還要嚴格的毛色與體型等檢查，以此決定是否用於繁殖。

橙色荷蘭侏儒兔

橙色荷蘭垂耳兔

荷蘭垂耳兔的配種情況

在此試著看看往前追溯2代的荷蘭垂耳兔的交配過程範例。

祖父的圓臉、眼睛寬度、冠毛的寬度與位置、耳朵的位置、形狀與長度、頂線以及臀寬，以荷蘭垂耳兔而言相當理想。總的來說是相當出色的兔子，因此用來交配以彌補祖母的眼睛寬度、骨頭稍細以及耳朵與冠毛位置稍微靠後等缺點，並讓子孫繼承圓且寬的臉型、眼睛大小與臀寬等優點。

父親的臀部雖稍尖，但是圓且寬的臉型、冠毛的寬度與位置、耳朵的位置、形狀與長度以及骨頭的粗細都很優秀，而且毛色是漂亮的橙色。因此，為了讓子孫繼承這樣的毛色，便使其與耳朵及冠毛位置稍微靠後但橙色兔毛十分迷人的母親進行配種。

生下來的幼兔繼承了父親的粗壯腿骨與如父母般美麗的橙色毛色。目前為出生後1個月，體型之後還有可能發生變化，但在手足中算是體型相當良好的兔種。想必今後會作為繁殖用的公兔而在兔舍活躍不已。

＊荷蘭垂耳兔的交配範例

祖父 毛色：玳瑁色　　　祖母 毛色：碎斑橙色

祖父的正面樣貌

父親 毛色：橙色　　　母親 毛色：橙色

父親的正面樣貌

幼兔・1個月 毛色：橙色

幼兔的正面樣貌

荷蘭侏儒兔的配種情況

接下來試著看看荷蘭侏儒兔的交配過程範例。

祖父的圓臉、臉部大小、耳朵的長度與厚度、耳朵位置、頂線、臀寬以及骨頭的粗細都相當理想。另一方面，祖母的體型較長，不過額頭渾圓、眼睛、肩部與臀部的寬度都很出色。希望祖父的優點再加上這樣的肩寬，故而讓祖父母進行交配。

生下來的母親有身體寬度稍短的缺點，不過圓臉、臉部大小、耳朵的長度與厚度、頂線、臀寬以及骨頭的粗細都很優秀。因此，與祖父的手足、具備各種優點

且身體有一定寬度的父親進行配種。

如此一來，生下來的幼兔便從父母身上繼承了圓臉、臉部大小、耳朵的長度與厚度、頂線以及骨頭的粗細。幼兔從父親身上繼承了耳朵的位置，從母親身上繼承了臀寬。

＊荷蘭侏儒兔的交配範例

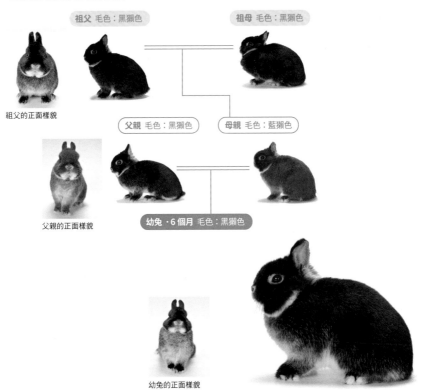

祖父 毛色：黑獺色　　祖母 毛色：黑獺色

祖父的正面樣貌

父親 毛色：黑獺色　　母親 毛色：藍獺色

父親的正面樣貌

幼兔・6個月 毛色：黑獺色

幼兔的正面樣貌

澤西長毛兔的配種情況

　　祖父是圓臉、臉部大小、耳朵的長度與厚度、身體長度、骨頭的粗細以及毛質都相當優秀的兔子。然而，卻有毛色比較淡、頭部位置稍低、雙耳距離較遠，且臀部較尖的體型。儘管如此，因為兔舍的公兔數量不足，所以仍被用於繁殖。祖母則有頭部位置較低、臉部細長、耳朵偏長且身體較長的缺點。不過耳朵厚度、臀寬、骨頭的粗細、毛色深淺以及毛質表現都很出色。

　　父親身上沒有出現祖父母的缺點，其頭部的位置、圓臉、臉部大小、耳朵的長度與厚度、身體長度、頂線、臀寬、骨頭的粗細、毛色以及毛質都很優異。因此與臉型稍長但一樣緊實且體型良好的母親交配。此外，母親是父親的異母手足。

　　幼兔變得比父母更為緊實且肩寬較窄，但總的來說仍是優秀的公兔。如今養兔場主要是以父親與其幼兔來繁殖。

＊澤西長毛兔的交配範例

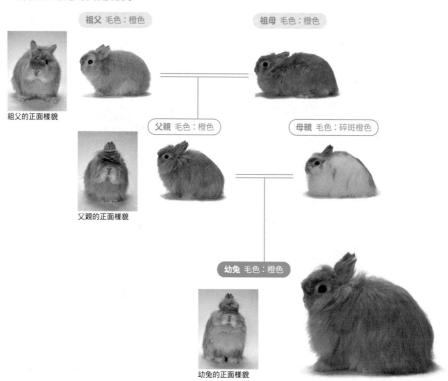

祖父 毛色：橙色

祖母 毛色：橙色

祖父的正面樣貌

父親 毛色：橙色

母親 毛色：碎斑橙色

父親的正面樣貌

幼兔 毛色：橙色

幼兔的正面樣貌

展示型與寵物型
有何不同？

　　有著理想體型而有資格參加兔子展的兔子一般稱作「展示型」。然而，遺憾的是，在反覆交配的過程中，有時會誕下有缺陷的兔子。雖說是缺陷，有時是體型走樣，像是明明是公兔，體型卻過於龐大。在某些情況下，繁殖可能會形成巨大胎兒而對母兔造成負擔。以人類的角度來說，若兔子帶有不希望遺傳給子孫的基因，就會排除於繁殖之外，以「寵物型」的型態成為不會留下後代的賞玩用兔子。

　　下方照片中的荷蘭垂耳兔與荷蘭侏儒兔即屬於寵物型。兩者皆有一些缺陷，荷蘭垂耳兔是「耳朵與冠毛錯位而較為靠後」、「身體較為細長」與「臀部呈尖狀」等，荷蘭侏儒兔則有「身體整體而言較為細長」、「臀部呈尖狀」與「骨頭較細」等缺陷，容易遺傳給後代，因此被排除於繁殖之外。然而，作為寵物仍十分可愛且好飼養，這些特點與展示型別無二致。展示型與寵物型的主要差別只有一點，即是否用於繁殖。

寵物型的荷蘭垂耳兔　除了本文中所列舉的缺陷外，還有臉型細長呈尖狀、臉部較小、耳朵過長且耳朵寬度過窄，因而成為寵物型。

寵物型的荷蘭侏儒兔　除了本文中所列舉的缺陷外，還有臉型細長呈尖狀且耳朵過長，因而成為寵物型。骨頭較細但身體龐大，這點也是被排除於繁殖之外的原因。

適合配種的毛色
與應避免交配的毛色

純種兔每個品種的毛色都有明確的規定。為了避免出現非公認的毛色或黯淡的毛色，配種時應對適合與應避免的毛色多加留意。

毛色名稱	適合的毛色	應避免的毛色等
純色系		
紅眼白色	紅眼白色、暹羅黑貂色、暹羅煙燻珍珠色、黑貂色、煙燻珍珠貂色	無
藍眼白色	藍眼白色、維也納斑紋（Vienna Marked，以藍眼白色兔種與有色兔種交配所生，帶有道奇斑紋的兔種）	巧克力色、所有漸變色系的毛色
黑色	黑色、藍色、巧克力色、紫丁香色、玳瑁色、栗色、蛋白石色、山貓色、金吉拉色、藍松鼠色、所有銀貂色、暹羅黑貂色、深褐色、煙燻珍珠色、黑獺色、藍獺色、巧克力獺色、紫丁香獺色、所有喜馬拉雅色	趾甲顏色較淡或毛色斑雜的個體
藍色	黑色、藍色、巧克力色、紫丁香色、栗色、蛋白石色、山貓色、金吉拉色、藍松鼠色、所有銀貂色、黑獺色、藍獺色、巧克力獺色、紫丁香獺色、所有喜馬拉雅色	趾甲顏色較淡或毛色斑雜的個體。以藍色等顏色較淡的個體互相交配並持續多代，趾甲顏色會變淡
巧克力色	黑色、藍色、巧克力色、紫丁香色、栗色、山貓色、巧克力銀貂色、紫丁香銀貂色、所有獺色、橙色、淡黃褐色	趾甲顏色較淡或毛色斑雜的個體
紫丁香色		趾甲顏色較淡或毛色斑雜的個體。以藍色等顏色較淡的個體互相交配並持續多代，趾甲顏色會變淡

漸變色系		
黑貂斑紋色	黑貂斑紋色、暹羅黑貂色、黑喜馬拉雅色、玳瑁色	
暹羅黑貂色	黑貂斑紋色、暹羅黑貂色、暹羅煙燻珍珠色、黑貂色、煙燻珍珠貂色、喜馬拉雅色、紅眼白色（漸變色系的毛色系統）	所有野鼠色系的毛色
暹羅煙燻珍珠色	暹羅黑貂色、暹羅煙燻珍珠色、黑貂色、煙燻珍珠貂色、喜馬拉雅色、紅眼白色（漸變色系的毛色系統）	
玳瑁色	黑色、黑貂斑紋色、玳瑁色、黑喜馬拉雅色	所有野鼠色系的毛色、暹羅黑貂色、暹羅煙燻珍珠色

毛色名稱	適合的毛色	應避免的毛色等
野鼠色系		
栗色	黑色、藍色、栗色、蛋白石色、金吉拉色、藍松鼠色、山貓色、黑獺色、藍獺色	所有漸變色系的毛色、所有日晒色
蛋白石色		
金吉拉色	黑色、藍色、栗色、蛋白石色、金吉拉色、藍松鼠色、黑銀貂色、藍銀貂色、黑獺色、藍獺色	
藍松鼠色		
山貓色	黑色、巧克力色、紫丁香色、栗色、蛋白石色、山貓色、肉桂色、巧克力栗色、巧克力獺色、紫丁香獺色	
日晒色系		
所有（黑色、藍色、巧克力色與紫丁香色）日晒色	所有日晒色、紅色	所有獺色、栗色
黑色＆藍銀貂色	黑色、藍色、栗色、蛋白石色、金吉拉色、藍松鼠色、所有銀貂色、所有獺色	所有日晒色
巧克力色＆紫丁香銀貂色	黑色、巧克力色、紫丁香色、巧克力銀貂色、所有獺色	
黑貂色	暹羅黑貂色、暹羅煙燻珍珠色、黑貂色、煙燻珍珠貂色、紅眼白色（漸變色系的毛色系統）	無
煙燻珍珠貂色		
所有獺色（黑色、藍色、巧克力色、紫丁香色）	黑色、藍色、巧克力色、紫丁香色、栗色、蛋白石色、所有獺色、所有銀貂色	
其他色系		
所有喜馬拉雅色	所有純色系、暹羅黑貂色、暹羅煙燻珍珠色、所有喜馬拉雅色	所有野鼠色系的毛色、所有日晒色、紅眼白色
橙色	巧克力色、紫丁香色、山貓色、巧克力栗色、巧克力獺色、紫丁香獺色、橙色、淡黃褐色	栗色
淡黃褐色		
紅色	橙色、紅色、所有日晒色	
鋼色	黑色、栗色、鋼色	紅眼白色、藍色等較淡的毛色、黑貂斑紋色、玳瑁色、橙色、淡黃褐色

兔子的毛色遺傳學

野生穴兔有著一身褐色的毛皮。然而，相當於其後代的家兔經過品種改良後，開始出現白色、黑色乃至灰色等各式各樣的毛色。這些毛色與個性等特徵皆已內建於基因之中。

目前正由熱情的育種家持續不懈地破解這種毛色的基因。關於純種兔的特徵與規定皆彙整於ARBA出版的《Standard of Perfection》一書中，對於各種毛色有詳細的解說。

基因符號與基因名稱如P245的表格所示。即便是同一個字母，大寫的基因符號表示顯性，小寫則表示隱性。

舉個例子來說，野鼠色的基因符號為「A」，純黑色的基因符號則為「a」。假設以有著「AA」基因的野鼠色兔子與有著「aa」基因的純黑色兔子進行配種（參照圖1）。生下的幼兔從野鼠色與純黑色雙親身上分別繼承了「A」與「a」

而帶有「Aa」的基因。「A」為顯性，因此隱性「a」的特徵不易顯現，而「Aa」的幼兔身上的毛色會與「AA」的雙親一樣呈野鼠色。

進一步讓「Aa」的幼兔互相交配繁殖。如此一來，由於「A」為顯性而「a」為隱性，故而有3：1的機率可生出野鼠色與純黑色的後代。然而，這個比例不過是個概率，實際上不見得每次都是依這個比例誕下幼兔。不僅如此，毛色是取決於各種要素的組合。如果是純種兔，會以這類遺傳學等為基礎來進行交配並管理血統。

*圖1　透過兔子來認識孟德爾定律

P1　AA　×　aa

F1　Aa

F1　Aa　×　Aa

F2　AA　Aa　Aa　aa

與兔子的毛色、體毛相關的基因

基因符號	基因（座）名稱	基因效應
A	light bellied agouti	灰色，側腹為白色
a^t	black and tan	背部為黑色，腹部為白色
a	non-agouti	純黑色
B	black	A-A-為野鼠色（灰色），aaB-為黑色
b	brown	A-bb為肉桂色，與C互相匹配
C	full color	有色
c^{chd}	dark chinchilla	依純黑色素的量而異，毛色與眼睛眼色逐漸變淡
c^{chm}	medium chinchilla	
c^{chl}	light chinchilla	
c^h	Himalayan	僅鼻子、耳朵與四肢末端為黑色，其他為白色
c	albino	純白色毛，眼睛為紅色
d	dilution	使毛色變淡
du^d	dark Duch	僅鼻尖、前額與四肢末端為白色
du^w	Dutch spotting	前半身有白色帶狀紋
Ed	dominant black	純黑色毛
Es	steel	顏色變得比Ed還要淡
E	normal extention	正常
e^f	Japanese brindling	黑色與黃色的斑紋
e	yellow	黃色
En	dominant white spotting	異源基因的白斑大小會有很大的變化
F	furless	無毛、捲毛受損
l	angora	長毛
n	naked	無毛
ps-1	pelt loss-1	捲毛受損，比F還要蓬鬆
ps-2	pelt loss-2	捲毛受損
r1	rex-1	體毛與觸毛的彎度
r2	rex-2	體毛與觸毛的彎度
r3	rex-3	體毛與觸毛的彎度
re	red eye	粉紅色的眼睛
sa	satin	體毛有光澤且呈絲綢狀
si	silverling	體毛呈灰白色
v	Vienna white	同源基因為全身白色，異源基因則與duw幾乎一致，眼睛為藍色
wa	waved	僅出現於雷克斯兔，體毛呈波浪狀
Wh	wirehair	捲毛受損
wu	wuzzy	體毛濃密

引用自朝倉書店出版的《實驗動物學》P287

介紹一部分毛色的基因類型！

C是顯示有色的基因，透過與a～e等其他基因的組合，可形成各種毛色。c則是指不帶任何有色基因，只要湊齊2個c，無論其他基因為何，都會形成紅眼白色。

C-	c^chd -	c^chl c^chl	c^chl-	c^h-	cc
所有毛色	金吉拉色	深褐色	黑貂色	喜馬拉雅色	紅眼白色
aa B-C-D- E-	aa B-c^chd-D- E-	aaB-c^chl c^chl D-E-	aa B-c^chl-D-E	aa B-c^h-D-E-	aaB-cc D-E-
黑色	黑金吉拉色	深褐色	黑貂色（暹羅黑貂色）	黑喜馬拉雅色	紅眼白色
aa bb C-D-E-	aa bb c^chd-D-E-	aa bb c^chl c^chl-D-E-	aa bb c^chl-D-E-	aa bb c^h-D-E-	aa bb cc D-E-
巧克力	巧克力金吉拉色	深巧克力褐色	巧克力黑貂色	巧克力喜馬拉雅色	紅眼白色
aa B-C-dd E-	aa B-c^chd-dd E-	aa B-c^chl c^chl dd E-	aa B-c^chl-dd E-	aa B-c^h- dd E-	aa B-cc dd E-
藍色	藍金吉拉色	深藍褐色	藍黑貂色（煙燻珍珠色）	藍喜馬拉雅色	紅眼白色
aa bb C-dd E-	aa bb c^chd- dd E-	aa bb c^chl c^chl dd E-	aa bb c^chl- dd E-	aa bb c^h- dd E-	aa bb cc dd E-
紫丁香色	紫丁香金吉拉色	紫丁香褐色	紫丁香黑貂色	紫丁香喜馬拉雅色	紅眼白色
aa B-C-D-ee	aa B-c^chd-D-ee	aa B-c^chl c^chl D-ee	aa B-c^chl-D-ee	aa B-c^h-D-ee	aa B-cc D-ee
黑玳瑁色	灰褐色（鐵灰色）	深褐斑紋色	黑貂斑紋色	黑喜馬拉雅色（延伸色）	紅眼白色
at-bb C-D-E-	at-bb c^chd-D-E-	at-bb c^chl c^chl D-E	at-bb c^chl-D-E-	at-bb c^h-D-E-	at-bb cc D-E-
巧克力獺色	巧克力銀貂色	深巧克力貂色	巧克力黑貂色	巧克力喜馬拉雅獺色	紅眼白色
A-B-C-D-E-	A-B-c^chd-D-E-	A-B-c^chl c^chl-D-E-	A-B-c^chl-D-E-	A-B-c^h-D-E-	A-B-cc D-E-
野鼠色・栗色	野鼠色・金吉拉	深褐色・野鼠色・暹羅色	黑貂色・野鼠色・暹羅色	野鼠色・喜馬拉雅	紅眼白色
A-B-C-dd E-	A-B-c^chd-dd E-	A-B-c^chl c^chl dd E-	A-B-c^chl-dd E-	A-B-c^h-dd E-	A-B-cc dd E-
蛋白石色（藍色・野鼠色）	藍松鼠色（藍色・金吉拉色）	藍色・深褐色・野鼠色・暹羅色	藍色・黑貂色・野鼠色・暹羅色	藍色・野鼠色・喜馬拉雅色	紅眼白色
A-bb C-dd E-	A-bb c^chd-dd E-	A-bb c^chl c^chl dd E-	A-bb c^chl-dd E-	A-bb c^h- dd E-	A-bb cc dd E-
山貓色（紫丁香色・野鼠色）	紫丁香色・野鼠色・金吉拉色	紫丁香色・深褐色・野鼠色・暹羅色	紫丁香色・黑貂色・野鼠色・暹羅色	紫丁香色・野鼠色・喜馬拉雅	紅眼白色
A-B-C-D-ee	A-B-c^chd-D-ee	A-B-c^chl c^chl D-ee	A-B-c^chl-D-ee	A-B-c^h-D-ee	A-B- cc D-ee
橙色（野鼠色）	磨砂珍珠色／霜白色	深褐色・野鼠色・斑紋	黑貂色・野鼠色・斑紋	野鼠色・喜馬拉雅色（延伸色）	紅眼白色

毛色遺傳的具體範例　毛色與紋路的呈現

P244已經以「孟德爾定律」為基礎介紹了毛色的遺傳學。不過基因的排列組合實際上更為複雜。在此試著列舉「A」、「at」與「a」這3種基因為例來探討。

毛色的遺傳範例①

若以「A-a」的栗色與「at-a」的藍獺色進行配種

「A」是體毛為灰色而側腹為白色的野鼠色系基因，「at」是背部黑色而腹部白色的日晒色系基因，「a」則是純黑色的純色系基因。

假設有兔子具備由野鼠色基因「A」以及純色系基因「a」組成的「A-a」基因。如P244的顯性與隱性基因的內容所示，此兔子身上的「A」會強勢地顯現出來而呈野鼠色（這裡假設是野鼠色的一種：栗色）。讓這隻栗色兔子與具備「at-a」基因的藍獺色兔子進行繁殖。若從遺傳學角度來思考，將會出現「A-at」、「A-a」、「at-a」與「a-a」的組合。換言之，平均50%的幼兔為野鼠色（以遺傳學來說「A-at」與「A-a」各25%）、25%為獺色／貂色（遺傳學上的「at-a」），而剩下的25%為純色（遺傳學上的「a-a」）。

A-a × at-a
栗色　藍獺色

	at	**a**
A	**A-at** （具備獺色／貂色遺傳訊息的野鼠色系）	**A-a** （具備純色遺傳訊息的野鼠色系）
a	**at-a** （具備純色遺傳訊息的獺色／貂色系）	**a-a** （純色系）

※以上範例純屬參考，若以「A-A」或「A-at」的栗色與「at-at」的藍獺色進行交配，結果則會有所不同。此外，機率與實際的繁殖結果也有可能出現偏差。

若以一對「at-a」的黑獺色進行配種

接下來試著探討以一對具備「at-a」基因的黑獺色進行交配的情況。

從下表可以看出，可誕下「at-at」、「at-a」、「at-a」與「a-a」這些組合的幼兔。換言之，毛色有75％的機率為獺色，25％為純色。有趣的是，純色幼兔是由乍看之下並非純色的獺色雙親所生。

75%的獺色中有3分之1為「at-at」的單純獺色，但有3分之2為「at-a」的獺色。儘管這些獺色的幼兔外表長得一模一樣，卻有可能具備「at-at」或「at-a」的基因，因此將來進行繁殖作業時須格外留意。

毛色的遺傳範例③

紋路的遺傳

討論毛色時，不能忘了紋路。會出現在荷蘭垂耳兔等身上的碎斑型（broken）、純色型（solid）、查理型（charlie）等紋路，是如何遺傳下來的呢？

「碎斑型」是白色底中混有顏色的斑狀紋路，「純色型」是指全身為同一個顏色，「查理型」則是碎斑型的一種，耳朵、眼睛、鼻子與背部有顏色。這3種紋路取決於碎斑型基因「En」與純色型基因「en」。

毛色為純色的兔子具備「en-en」的基因。即便讓純色兔彼此交配，也不會生下「en-en」以外的組合，因此所有幼兔皆為純色。

碎斑型的基因為「En-en」，查理型的基因則是「En-En」。因此，若讓碎斑

at-a × at-a
黑獺色　黑獺色

	at	a
at	**at-at** （在遺傳學上為單純的獺色系）	**at-a** （具備純色遺傳訊息的獺色／貂色系）
a	**at-a** （具備純色遺傳訊息的獺色／貂色系）	**a-a**（純色系）

※以上範例純屬參考，若以一對「at-at」的藍獺色或「at-at」與「at-a」的藍獺色進行交配，結果則會有所不同。此外，機率與實際的繁殖結果也有可能出現偏差。

型彼此交配，有50％的機率會成為「En-en」的碎斑型，25％為「en-en」的純色型，25％為「En-En」的查理型。此外，若讓「en-en」的純色型與「En-En」的查理型進行交配，幼兔會從純色型與查理型的雙親身上分別繼承「en」與「En」的基因。其結果是100％的「En-en」，所有幼兔皆為跟親代不同的碎斑型。

	en-en	En-en	En-En
en-en	en-en（純色型）	50% En-en（碎斑型） 50% en-en（純色型）	En-en（碎斑型）
En-en	50% en-en（純色型） 50% En-en（碎斑型）	25% en-en（純色型） 50% En-en（碎斑型） 25% En-En（查理型）	50% En-en（碎斑型） 50% En-En（查理型）
En-En	En-en（碎斑型）	50% En-en（碎斑型） 50% En-En（查理型）	En-En（查理型）

> en-en or En-en or En-En × en-en or En-en or En-En
> 純色型 or 碎斑型 or 查理型 × 純色型 or 碎斑型 or 查理型

遺傳是複雜而難以預測的

到目前為止已經使用了「孟德爾定律」的「優劣法則」與基因符號來探討兔子的毛色遺傳。除此之外，遺傳還承載著毛的長度與體型等各式各樣的訊息。

或許有人認為，只須調查親代的基因即可迅速預測出幼兔的毛色。然而，正確的遺傳訊息極其複雜。以荷蘭垂耳兔的顏色基因為例，野鼠色系的橙色為「A-B-C-D-ee」，而純色系的黑色為「aa B-C-D-E-」，像這樣內建了多種基因符號。除此之外，也結合了前述的「碎斑型」、「純色型」、「查理型」等紋路的基因。

若逐一列舉所有毛色與紋路的基因，應該隨隨便便就會有200多種的排列組合。因此，很多育種家會利用可自動算出基因組合的電腦軟體等，預測即將生出什麼樣的幼兔。

加強對品種的了解！ 兔子用語辭典

‖ USAGI WORD DICTIONARY ‖

在此彙整了與ARBA公認品種相關的用語。作為了解ARBA公認品種的基礎知識，並在閱讀本書有不懂的用詞時可當作參考。

英文字母

ARBA
American Rabbit Breeders Association的縮寫。總部設於美國的伊利諾伊州，此協會的目的在於進行兔子與豚鼠（天竺鼠）的品種培育與改良、啟蒙與血統註冊等。在美國、加拿大、日本等國的會員數超過2萬3000人，會員十分廣泛，含括寵物主人、育種家乃至商業飼養家。會定期出版制定品種基準的《Standard of Perfection》。

《Standard of Perfection》
由ARBA所出版的冊子，詳細記載了公認兔子品種的基準。2024年已有52個品種獲得公認。

YBRC
2001年5月於日本開始運作，為ARBA認可的兔子俱樂部。不僅限於純種，希望所有熱愛兔子的人都能了解與兔子一起生活的樂趣，以此為基本理念，每年會在橫濱舉辦1次兔子展，並定期舉辦活動。

1～5畫

一般色系（group）
比變化色系（variety）還要大的分類。通常是指毛色紋路的分組。

毛
兔子的毛是所謂的雙層毛（巨型安哥拉兔除外）。由長且偏硬的護毛與短而柔軟的底毛（或內層卷毛）2種類型的毛所構成。若是

安哥拉兔種、美國費斯垂耳兔與澤西長毛兔的長毛種，會稱呼毛為捲毛（wool），稱底層毛為內層捲毛（underwool）。若為其他短毛種（普通毛質），則稱毛為fur，稱底層毛為底毛（under coat）。

毛色
指兔子的體毛顏色。ARBA的公認品種會分別依品種制定毛色規範，其他的毛色則為非公認色。

內層捲毛（underwool）
橫臥於長毛種毛根，最短的捲毛。

半拱型
兔子的體型之一。形似曼陀鈴倒扣的形狀，因此又稱作曼陀鈴型。詳情請參照P18。

白子化
指有著粉紅色眼睛且全身毛為白色的兔子。即紅眼白色。

穴兔
一種會在地面挖洞築巢的野兔。目前被當作寵物或家畜飼養的品種都有個共同祖先：歐洲穴兔。關於穴兔的生態請參照P224。

幼年組
指出生未滿6個月的兔子。

6～10畫

全拱型
兔子的體型之一。大多品種的背部線條呈拱

狀且軀幹有一定的高度。詳情請參照P19。

全盛狀態（prime）
身上肌肉與體毛皆處於理想狀態。

全盛線條（prime line）
從背部中央延伸至腰部的毛髮線。只要體毛狀態良好就會形成這樣的線條。

成兔
完全長大且成熟，年齡已可進行繁殖的兔子。大型品種須8個月以上，小型品種則6個月以上。

成年組
指小型與中型品種中出生6個月以上、大型品種中出生8個月以上的兔子。必須達到各個品種所規定的最低體重。

肉垂（dewlap）
指從喉嚨部位垂下的褶狀皮膚。一般常見於母兔。必須與全身大小取得平衡。不可出現在某些品種身上。

育種家
根據品種基準來飼育兔子並進行繁殖的一種職業。

底毛
一般兔子有護毛與底毛（捲毛）2種類型的毛。接近皮膚且濃密，用以保護護毛的柔軟短毛。

底色（base color）
接近皮膚部位的毛色。

底色（under color）
每根毛的毛根顏色。接近皮膚的毛髮顏色。

兔子展
育種家與一般飼主帶來純種兔，並由專業審查員進行審核的品評會。愈接近審查標準（品種基準）的兔子評價愈高。

取消資格的條件（disqualification）
簡稱為DQ。指兔子因為一個或多個缺點、身體變形、畸形、傷口等而在展覽或註冊時被取消資格。

青少年組
用以指稱大型品種中6個月以上但未滿8個月的兔子的專業用語。每個品種會依年齡制定體重規範，體重必須符合規定。

品種改良
飼養以獲取食用肉、毛皮、毛髮，或作賞玩之用等，根據目的來進行育種並逐步改變品種的性質。以為了食用肉而培育的英國垂耳兔為例，性格沉穩且體型經過改良後變得較大。此外，進行品種改良往往還會衍生出全新的品種。

飛背毛
從後半身往肩部方向逆著毛流撫摸兔毛時，會流暢恢復原位的毛質。

胎毛
幼兔時期所長出的毛。觸感細軟且蓬鬆。出生後3個月左右會開始掉毛，逐漸轉為成兔的毛。

冠毛
指位於頭頂部、軟骨十分明顯的突起。是出現在某些垂耳兔耳朵根部的形狀。

查理型
指有斑紋的品種，或碎斑色系中斑紋或斑點極少的類型。通常耳朵或眼睛周圍有一點顏色，背部與身體則沒有斑紋。是狀似查理・卓別林的鬍子的斑紋。

倍齒亞目
兔子在生物分類學上的分類。兔子的門牙為兩層，上顎大門牙的後側還有小門牙。因此，兔子並非如老鼠般的齧齒目，而是被分類為倍齒亞目。

純色型

依品種劃分的一種展覽審查專用區分。會出現在垂耳兔種、白底中混有各色紋路的碎斑色紋路以外的毛色。

11～15畫 ·····················

捲背毛

從後半身往肩部方向逆著毛流撫摸兔毛時，會緩緩恢復原位的毛質。恢復的速度比飛背毛毛質稍慢一些。

袖珍型

兔子的體型之一。大多為身體小巧的品種而適合當寵物。詳情請參照P18。

專利俱樂部

指經過ARBA認可的兔子俱樂部。獲得認證的條件是，必須有5名以上的育種家正式活動。詳情請向ARBA的辦公室洽詢。

斑紋

兔子身上的紋路。

評審

指專業的審查員，負責評估被帶到兔子展上的兔子。評估是根據該兔子與品種基準的接近程度來判斷。ARBA的評審皆具備必須通過專業測試而取得困難的資格，即所謂的兔子專家。

註冊（registration）

ARBA的公認品種且擁有血統書、出生6個月以上的兔子，在通過受理註冊機構的審查後，向ARBA申請登記。申請後會由ARBA發行「Rabbit Registration」。

圓弧型

兔子的體型之一。大多為中型乃至大型的品種，十分豐腴而體型蓬鬆。詳情請參照P19。

圓柱型

兔子的體型之一。唯喜馬拉雅兔與捷克霜紋兔屬於此類。特色在於擺放時呈圓柱狀的獨特姿勢。詳情請參照P19。

標準

指展示理想體態的品種基準。ARBA公認品種的標準皆彙整於《Standard of Perfection》一書中。

蝶狀斑紋

從上唇至顎部往臉部中央擴展開來，如展翅蝴蝶般的紋路。會出現在一些有斑紋的品種或變化色系中的碎斑色品種身上。

審查卡

兔子展上寫有審查紀錄的卡片。這張卡片上會記錄順序、得獎內容與經過審查的兔子特徵等。詳情請參照P214。

21畫 ·····················

護毛

一般兔子有護毛與底毛（捲毛）2種類型的毛。長在底毛上方，較長且偏硬的毛。

結語

距離我開始從事兔子相關工作已經過了26個年頭。在創業之初，寵物店仍以迷你兔等混血種為主流且頗受歡迎。無論在哪一個時代，兔子總是可愛又美好的伴侶動物，儘管純血品種與混血品種之間存在著一些差異，卻仍豐富了無數人的心靈。這一點無論古今都不曾改變，往後肯定也會有愈來愈多人愛上兔子。

與過去相比，兔子如今所處的周遭環境已經出現巨大的變化。我創業當時已經能夠蒐羅到相當齊全的飼育用品，但若要論是否能夠讓飼主用起來方便且為兔子提供舒適的生活，還是遠遠不足的。以飼育籠來說，打掃起來十分費力，尿液會漏在便盆下面而發臭等，相當難以處理。食物盆也大多擺在地板上，兔子經常會打翻或把食物全部扒挖出來。我們最初是從美國進口飼育籠與固定式的食物盆而有所改善，不過後來開始與日本的製造商合作生產飼育用品等，才得以逐步提出改善以兔子為伴侶動物的生活環境。要說如今日本的飼育用品與生活環境已成為全球標準也不為過。

多年來，我一直在思考能否出版品種圖鑑，以便提升兔子的地位。每次監修飼育書籍時，我都會向多方人士提出方案，但心知要實現極其困難，如今長年以來的願望得以實現，令我不勝感激。誠文堂新光社編輯部的保坂夏子女士從《兔子的時間》創刊以來一直對我多有關照，還通過了這次的企劃，真是感激不盡。還要感謝與我一起前往聖地牙哥的ARBA全美兔子大會拍攝兔子的動物攝影師井川俊彥先生、攝影助理佐藤華奈子女士、協助翻譯的町田愛子女士、爽快協助拍攝的荷蘭垂耳兔頂尖育種家Jenny Poprawski女士，以及所有參與本書製作的人員。

最後，我想藉此謝謝敝公司的副總藏並秀明，他負責了圖鑑頁的插畫，並從「兔子的尾巴」創業之初就與我們共同創建兔子的世界。此外，真的非常感謝每位閱讀本圖鑑的讀者。

町田修

參考文獻

參考 HP

Breeders of the American Rabbit N.S.C.
http://www.americanrabbits.org/

AMERICAN FUZZY LOP RABBIT CLUB
http://aflrc.weebly.com/

AMERICAN SABLE RABBIT SOCIETY
http://www.americansables.org/portal/

NATIONAL ANGORA RABBIT BREEDERS CLUB
http://www.nationalangorararabbitbreeders.com/index.htm

AMERICAN BELGIAN HARE CLUB
http://www.belgianhareclub.com/

THE BREED OF DISTINCTION BEVERENS
http://www.freewebs.com/beverens/index.htm

Hotot Rabbit Breeders International
http://www.hrbi.org/

American Britannia Petite Rabbit Society
http://www.britanniapetites.com/

Californian Rabbit Specialty Club
http://www.californianrabbitsspecialtyclub.com/

American Checkered Giant Rabbit Club
http://maddawg1072.wix.com/acgrc/

American Chinchilla Rabbit Breeders
http://www.acrba.org/

Giant Chinchilla Rabbit Association
http://giantchinchillarabbits.webs.com/

American Standard Chinchilla Rabbit Breeders Association
http://www.ascrba.com/

Cinnamon Rabbit Breeders Association
https://sites.google.com/site/cinnamonrba/

American Dutch Rabbit Club
http://www.dutchrabbit.com/

American Dwarf Hotot Rabbit Club
http://www.adhrc.com/

National Federation of Flemish Giant Rabbit Breeders
http://www.nffgrb.com/

Florida White Rabbit Breeders Association
http://www.fwrba.net/

AMERICAN HARLEQUIN RABBIT CLUB
http://www.americanharlequinrabbitclub.net/

Havana Rabbit Breeders Association
http://www.havanarb.org/

American Himalayan Rabbit Association
http://www.himalayanrabbit.com/

Holland Lop Rabbit Specialty Club
http://www.hlrsc.com/

National Jersey Wooly Rabbit Club
http://www.njwrc.net/

National Lilac Rabbit Club of America
http://nlrca.webs.com/

Lop Rabbit Club of America
http://www.lrca.us/

Mini Lop Rabbit Club of America
http://www.mlrca.com/

NATIONAL MINI REX RABBIT CLUB
http://www.nmrrc.net/

American Satin Rabbit Breeders Association (ASRBA)
http://www.asrba.org/

American Netherland Dwarf Rabbit Club
http://www.andrc.com/

American Federation of New Zealand Rabbit Breeders
http://www.newzealandrabbitclub.net/

THE AMERICAN POLISH RABBIT CLUB
http://www.americanpolishrabbitclub.com/

National Rex Rabbit Club
http://nationalrexrc.org/

Rhinelander Rabbit Club of America
http://www.rhinelanderrabbits.com

National Silver Rabbit Club
http://www.silverrabbitclub.com/

Silver Marten Rabbit Club
http://www.silvermarten.com/

The Nature Trail Rabbitry
http://www.thenaturetrail.com/

參考文獻

『Standard of Perfection Standard Breed Rabbits&Cavies 2011-2015』THE AMERICAN RABBIT BREEDERS ASSOCIATION,INC.

『Official Guide Book Rasing Better Rabbits & Cavies』 The American Rabbit Breeders Association, Inc

『Netherland Dwarf Official Guidebook』Seventh Edition2008

『THE NETHERLAND DWARF COLOR GUIDE』 Glenna M.Huffmon American Netherland Dwarf Rabbit Club

《わが家の動物・完全マニュアルうさぎ》スタジオ・エス

《ウサギの気持ちが100%わかる本》町田修著，青春出版社

《ペット・ガイド・シリーズ　ザ・ウサギ》大野瑞繪著、井川俊彥攝，曾我玲子醫學監修，誠文堂新光社

《もっとわかる動物のことシリーズ　うさぎ　長く、楽しく暮らすための本》町田修監修，池田書店

《兔子的快樂飼養法》町田修監修，漢欣文化

《世界動物記シリーズ　アナウサギの生活》R. M. ロックレイ著，立川賢一譯，思索社

《ノウサギの話》平田貞雄，無明舍

《兔の解剖図譜》R. Barone, C. Pavaux, P. C. Blin, P. Cuq 合著、望月公子翻譯，學窗社

著者 町田修

1997年於橫濱創設了兔子專賣店「兔子的尾巴」。並非單純只販售活體的寵物店，而是標榜「打造與兔子共同生活的店」，並持續提出讓飼主與兔子的生活更舒適開心的生活型態方案。此外，從創業之初便從美國進口並販售日本所沒有的兔子用品，並根據獨特的理念培育五花八門的兔子用品。較具代表性的有「稻草俱樂部」與「專業飼育籠」。此外，每年會在橫濱舉辦「兔子節」，同時以ARBA公認俱樂部YOKOHAMA BAY RABBIT CLUB會長身分舉辦兔子展。

攝影 井川俊彥

出生於東京。東京攝影專業學校新聞攝影系畢業後，成為一名自由攝影師。為1級愛玩動物飼養管理士。持續拍攝貓狗、兔子、倉鼠、小鳥等伴侶動物達20年以上。至今有飼養2隻兔子（MIX）的經驗。著有《小動物初學者指南 兔子》（暫譯，誠文堂新光社）。

日文封面設計、DTP：merusing岸信久、kickgraphic
內文設計：森設計室（第2版）
編輯助理：大崎典子、Wahnfried（第2版）
插畫：藏並秀明、川岸步
攝影支援：菜十木ゆき（P12，P222）、
　　　　　獨立行政法人改良中心茨城牧場 長野分場（P157）、
　　　　　大仙市公所中仙分所農林建設課（P157）

協助：兔子的尾巴
　　　藏並秀明
　　　Jenny Poprawski
　　　佐藤華奈子
　　　町田愛子
　　　Aiko's Lovely Bunnies
　　　http://www.aikosbunnies.com/

USAGI NO HINSHU DAIZUKAN AMERICA KOUNIN 51 HINSHU DAI 3 HAN
©OSAMU MACHIDA, TOSHIHIKO IGAWA 2023
Orginally published in Japan in 2023 by Seibundo Shinkosha Publishing Co., Ltd.,TOKYO.
Traditional Chinese Characters translation rights arranged with Seibundo Shinkosha Publishing Co., Ltd.,TOKYO, through TOHAN CORPORATION, TOKYO.

兔子品種超圖鑑
從體型、毛色到毛質，完整收錄ARBA公認的51品種資訊
2024年11月1日初版第一刷發行

著　　　者	町田修
攝　　　影	井川俊彥
譯　　　者	童小芳
編　　　輯	吳欣怡
美術編輯	黃瀞瑢
發 行 人	若森稔雄
發 行 所	台灣東販股份有限公司

　　　　　　＜地址＞台北市南京東路4段130號2F-1
　　　　　　＜電話＞(02)2577-8878
　　　　　　＜傳真＞(02)2577-8896
　　　　　　＜網址＞ https://www.tohan.com.tw
郵撥帳號　　1405049-4
法律顧問　　蕭雄淋律師
總 經 銷　　聯合發行股份有限公司
　　　　　　＜電話＞(02)2917-8022

著作權所有，禁止翻印轉載。
本書如有缺頁或裝訂錯誤，
請寄回更換（海外地區除外）。
Printed in Taiwan

國家圖書館出版品預行編目（CIP）資料

兔子品種超圖鑑:從體型、毛色到毛質,完整收錄ARBA公認的51品種資訊/町田修著；井川俊彥攝影；童小芳譯. -- 初版. -- 臺北市：臺灣東販股份有限公司, 2024.11
256面；14.8×21公分
ISBN 978-626-379-606-5（平裝）

1.CST: 兔 2.CST: 寵物飼養

437.374　　　　　　　　　　113014578